ESG 全球行动

协同路径与绿色转型

新浪财经ESG课题组 编著

中信出版集团 | 北京

图书在版编目（CIP）数据

ESG 全球行动 / 新浪财经 ESG 课题组编著 . -- 北京：中信出版社，2024.5
ISBN 978-7-5217-6494-9

Ⅰ.①E… Ⅱ.①新… Ⅲ.①企业环境管理–研究 Ⅳ.①X322

中国国家版本馆 CIP 数据核字（2024）第 066646 号

ESG 全球行动
编著： 新浪财经 ESG 课题组
出版发行：中信出版集团股份有限公司
（北京市朝阳区东三环北路 27 号嘉铭中心　邮编　100020）
承印者： 三河市中晟雅豪印务有限公司

开本：787mm×1092mm　1/16　　印张：24　　　　字数：243 千字
版次：2024 年 5 月第 1 版　　　　　印次：2024 年 5 月第 1 次印刷
书号：ISBN 978-7-5217-6494-9
定价：79.00 元

版权所有·侵权必究
如有印刷、装订问题，本公司负责调换。
服务热线：400-600-8099
投稿邮箱：author@citicpub.com

编委会

主　　编　邓庆旭

副 主 编　李　涛

编委会成员　李　兀　岳才勇　韩雪晖　马　青　范程程

特 别 鸣 谢　（按姓氏汉语拼音排序）
　　　　　　　程　青　丁春林　方　希　郭　静　韩大鹏
　　　　　　　郝　倩　何稷宁　蒋露瑶　矫立旻　梁　斌
　　　　　　　刘　琛　刘　鲁　刘丽丽　石秀珍　宋佳怿
　　　　　　　王　旭　王婷婷　王元平　谢　航　杨志维
　　　　　　　张凯威　赵晓溪　钟　远　周　和

本书所有发言者职务
均为2023 ESG全球领导者大会时任职

序一　齐心协力推动全球可持续发展目标实现

联合国前秘书长、博鳌亚洲论坛理事长

潘基文

可持续发展是指，我们要追求既满足当代人需要，又不对后代人满足其需要的能力构成危害的发展。然而，随着时间的流逝，我们不得不面对严峻的现实，我们的生活方式已变得不再可持续。除了世界范围的炎热、高温，我们正看到一系列愈加严重的可持续性危机带来的后果，而这些危机是由人类自己造成的。

我担任联合国秘书长期间，带领全球推进了多样化的可持续发展目标，包括消除极端贫困、赋权女性、推动性别平等、应对气候变化等。全球政府和人民迫切需要认识这些问题的重要性和紧迫性，并迅速采取行动，特别是在应对气候变化方面采取行动。我们必须承认，我们离 2015 年《巴黎协定》所设定的目标还差很远。正如我的继任者联合国秘书长安东尼奥·古特雷斯先生近期所述："全球变暖的时代已经结束了，全球沸腾的时代到来了。"可持续发展不能仅靠想法和言辞实现，需要具体而迅速的行动。

企业不仅可以在塑造全球可持续发展议程上发挥重要作用，还可以在推动实施方面做出重大贡献。企业可以采取多种方法做出贡献。首先，企业可以通过更严格地遵守劳工标准并提供更好的福利待遇，帮助减轻贫困问题，提高员工的整体生活质量。其次，企业还可以通过为女性建立健全工作保障体系来促进性别平等。再次，企业可以通过履行社会责任以及为消费者提供创新产品，推动社会进步和经济发展。最后，企业在提高能源利用率和促进可持续生产的同时，可以通过更高水平的回收程度来减少废物和污染，在应对环境问题方面发挥重要作用。没有企业的积极参与和支持，我们无法实现可持续发展目标。

卸任联合国秘书长之后，我在2017年成立了潘基文中心，继续推动气候行动、消除贫困和疾病、女性权益等议题的发展，促进世界和平与稳定。通过这项工作，我希望能够提高人们对气候变化和可持续发展的认识，并敦促人们采取迅速行动。然而，这不是一个人，甚至不是一个国家能够完成的任务。每个人、每个企业、每个政府都必须把促进地球的可持续发展作为首要任务，只有这样，我们才能成功，我们才能生存。我们从惨痛的经验中学习到：社会、经济和环境都是紧密联系在一起的，任何一个部分都离不开其他部分。在制定和实施政策时，我们必须牢记这一点，以实现更加可持续的未来。特别是对于企业家，必须牢记企业家不仅有责任，也有能力推动可持续发展。企业家必须带头进行创新生产和企业管理，真正帮助地球延长健康寿命。可持续发展之路无疑将考验人类的力量和韧性。

让我们朝着共同的目标努力，绝不迟疑，让我们一起将可持续发展变为现实，让我们一起将世界变得更安全、更有保障、更美好。这是全人类共同的道义责任。

序二　企业履行 ESG 责任，社会发展与进步更添动力

新浪集团董事长兼首席执行官

曹国伟

当今世界正在经历深刻变革，全球性挑战层出不穷，但经济社会向可持续发展转型已成为各界不争的共识，寻求绿色低碳的高质量发展是人类经济社会发展的必由之路。ESG 作为整合环境、社会、治理等理念的综合考察标准，近年来日益得到更广泛的重视。

新浪财经与中信出版集团自 2021 年起联合主办 ESG 全球领导者大会，2023 年已是第三届。大会已经成为国内规模最大、国际影响力极强的 ESG 国际会议，为推动 ESG 领域的深入交流提供了一个高效有益的交流与合作平台。我们欣喜地看到，ESG 理念正日益深入人心。2023 年有近 1 800 家 A 股上市公司发布 ESG 相关报告，较 2022 年的 1 100 余家大幅增长；披露为减少碳排放而采取措施及效果的企业，超过全部上市公司的 60%。这与中国企业的发展脉搏紧密相连，与产业升级转型的规律息息相关，与全球发展模式的价值导向高度契合。

可持续发展并非坦途，ESG 发展机遇与挑战并存。在国际政治层面，ESG 评估的客观性和科学性有待提升。在经济层面，ESG 是否具有"性价比"的争议挥之不去。对于 ESG 本身，其信息披露标准和相关法律法规也有待进一步规范和完善。

可持续发展是各界的共同诉求，需要各界形成合力来推动。在 ESG 发展的当前阶段，增进广泛交流，推动深入探讨，加强各领域合作尤为重要。在 2023 年 9 月举办的第三届 ESG 全球领导者大会上，来自政、商、学界的嘉宾围绕 ESG 议题发表演讲，形成众多前瞻性的学术观点和实践思路，留下了丰富的智慧成果和精神财富。本书收录大会的精华内容编撰成册，望借此推动社会对 ESG 议题的探讨和研究，助力经济社会高质量发展。

"不积跬步，无以至千里。"新浪集团愿与大家共同努力，倡导 ESG 发展理念，激励更多企业和个人积极参与、投入可持续发展事业。

序三　搭建 ESG 交流与互动平台，服务经济社会可持续发展

上海高级金融学院执行理事、ESG 领导者组织论坛联席主席

屠光绍

众所周知，可持续发展成为全球当前的共同任务。可持续发展既面临很多挑战，也给我们带来了新的发展机遇，需要全球各个国家和社会各个方面形成推进合力。

企业践行 ESG 是实现可持续发展的重要力量和资源。ESG 已在全球形成强劲的发展趋势，在中国同样方兴未艾。践行 ESG 需要企业自身付出长期努力，同时，我们也迫切需要社会各界进行更多交流和互动，形成 ESG 发展共识，并转化为推动可持续发展的更多力量，可以从以下五个方面促进 ESG 的交流与互动。

第一，在 ESG 发展中促进企业间的交流互动。企业是践行 ESG 的微观主体，既包括实体企业，也包括金融机构。企业在践行 ESG 的过程中，会遇到很多挑战，应对挑战不仅要树立理念，更重要的是付诸行动。主要包括企业五个方面的转变和转型：一是企业经营内容的变化，要将 ESG 考虑进自身经营和发展；二是企业发展战略的转型，在确定战略目标、制定战略规划、配置战略资源时更多考虑将 ESG 纳入后的企业发展；三是企业经营管理方式的转变，纳入 ESG 后，无论是对企业管理体系、管理机制还是管理方式，都提出了新要求；四是企业经营绩效评价的调整，过去没有纳入

ESG，对企业发展能力的评价有比较成熟的方式，但纳入 ESG 会对企业长期发展能力带来什么样的变化，所有企业都面临着这样一种评价方式的转变；五是企业治理体系的优化，公司治理是现代企业制度的重要内容，但企业践行 ESG 又赋予治理体系新的内容，提出了新的要求。这些转变，需要每个企业在践行 ESG 的过程中有效应对，也需要企业之间通过有效的交流平台来进行更多的经验分享与互动，这样才能不断地提高微观主体在践行 ESG 方面的能力和水平。

第二，在 ESG 发展中促进实体经济企业和金融服务体系的交流互动。企业在践行 ESG 的过程中需要资金、需要资本，如到 2060 年实现"碳中和"，需要巨量的资金投入；再比如乡村振兴、小微企业发展、区域协调发展等，都需要巨额的资金投入。金融体系承担着为企业践行 ESG 提供更多金融资源的责任。反之，随着可持续发展的要求，金融体系的功能也必须不断深化。ESG 投资、可持续金融一方面为实体经济提供支持，另一方面也为金融体系自身开辟了广阔的发展空间。

第三，在 ESG 发展中促进政府和市场的交流互动。践行 ESG 在企业重大关系方面出现了很多新的变化，比如要研究企业经营价值中商业性和社会性的问题，要把握好股东利益和利益相关者关系协调的问题，要分析企业经营属性的内部性和外部性关系转化的问题，要处理企业经营的传统财务内容和可持续发展内容之间融合的关系。这些都是企业践行 ESG、促进可持续发展需要面对的一系列关系调整。在这个过程中需要政府发挥作用，如在法规制定方面，在 ESG 所需要的基础设施（相关标准、账户、指标、统计、数据等）方面，在 ESG 践行过程中有效监管方面，等等。此外，我们更需要发挥市场体系、市场主体、市场机制在配置可持续发展资源方面的重要作用，形成政府和市场在践行 ESG 发展过程中的合力。

第四，在 ESG 发展中促进企业 ESG 实践和 ESG 理论学术研究及教育、人才培训方面的交流互动。可持续发展理论、经济外部性理论、社会责任理论、公司治理理论实际上都在企业践行 ESG 的过程中提供了理论支持。随着 ESG 实践的不断深化，又为理论和学术研究提供更加鲜活的案例和素材，实践也在不断对理论研究提出需求。我呼吁学术界更加重视对可持续发展经济学的研究，不断健全可持续发展经济学体系，这也应该是一门越来越重要的经济学相关学科。大家知道，有一门学科是发展经济学，发展经济学是研究新兴市场国家、发展中国家如何实现经济增长和发展的。发展经济学为发展中国家的经济增长和经济社会发展提供了重要的理论支撑和理论指引。现在全球都面临着可持续发展的共同任务，我们的理论学术研究要重视对可持续发展经济学的研究，它与过去的发展经济学相比，有很多新内容、新特征、新趋势，需要研究人与自然的关系、人与社会的关系，还要研究国家与国家间的关系。可持续发展是全球的共同任务，任何一个国家不能置之度外，今后的诺贝尔经济学奖中，可能有人因可持续发展经济学研究而获奖，中国的学者也要积极争取这样的奖项。而在可持续发展经济学的体系中，ESG 是重要内容。

教育培训在 ESG 发展中同样非常重要。教育培训不光是对 ESG 理念、可持续发展理念的宣传和推广，更重要的是人才的培养。ESG 对人才的需求是巨大的，人才是企业践行 ESG 最基础的资源。无论是进行 ESG 信息披露和对外推广，还是设置内部的 ESG 管理架构（合规管理、风险管理、绩效考核等），企业都对人才提出了很高的要求。现在我们缺乏 ESG 相关人才，缺乏企业和各方面推动可持续发展所需要的人才，这也是高校的责任和机遇。我注意到一些商学院、管理学院已经在策划推进这方面的课程，上海高级金融学院已经打造了可持续金融方面的课程体系，不久将发布这一课程体系，以顺应 ESG 发展、可持续发展对人才的需求。

第五，在 ESG 发展中促进国内和国际发展的交流互动。ESG 是全球共同的任务，也是共同的诉求，需要全球形成推动合力。中国是一个发展中的大国，中国的可持续发展本身就是全球可持续发展和 ESG 发展的重要内容，中国取得的成就本身也是对全球的贡献。在推动可持续发展过程中，需要进一步增加国际和国内的互动。一方面，中国需更多地分享借鉴国际最佳实践和做法。同时，中国自身在推动 ESG 和可持续发展过程中，也会贡献中国的智慧。更重要的是，中国的对外开放已经进入新阶段，即更高水平开放，其中制度型开放是重要任务。另一方面，中国要更多、更主动地参与国际可持续建设，包括 ESG 标准、规则的制定，促进全球基准的统一。同时，要形成结合国际基本准则和中国特色的可持续及 ESG 制度体系。制度型开放既对全球的 ESG 和可持续发展做出贡献，也为中国的可持续发展提供动力，夯实基础。

目录

第一章
ESG 的全球共识与经验

联合国推动 ESG 全球治理的经验   003

人类生存危机、全球治理挑战与合作应对   004
联合国前副秘书长金垣洙（Kim Won-soo）

全球绿色发展转型的四大趋势与机遇   007
世界资源研究所高级顾问，联合国前副秘书长埃里克·索尔海姆（Erik Solheim）

推动全球可持续金融监管与投资合作   010
联合国开发计划署可持续金融中心主任
马科斯·阿蒂亚斯·内托（Marcos Athias Neto）

将生物多样性保护议题纳入 ESG 全球实践   013
联合国《生物多样性公约》代理执行秘书长大卫·库珀（David Cooper）

助力中国企业负责任的商业实践   015
联合国驻华协调员常启德（Siddharth Chatterjee）

推动可持续发展与恢复全球经济增长   019

重塑全球信任与合作，推动全球经济重回增长轨道   020
世界经济论坛总裁博尔格·布伦德（Borge Brende）

全球合作,推动行业绿色转型　　023

减缓气候变化,助力能源转型　　024
国际能源转型学会会长,国际能源论坛第四任秘书长孙贤胜

公共部门 ESG 投资引领清洁能源转型　　029
自然资源保护协会总裁兼 CEO 马尼什・巴普纳(Manish Bapna)

各国齐心协力,走向持久、包容和可持续的未来　　033
能源转型委员会主席、英国气候变化委员会前主席阿代尔・特纳(Adair Turner)

全球航空业的可持续发展与伙伴关系合作　　036
国际民用航空组织秘书长胡安・卡洛斯・萨拉萨尔(Juan Carlos Salazar)

可持续、公平和具有韧性的全球粮食系统转型　　039
国际农业发展基金总裁阿尔瓦罗・拉里奥(Alvaro Lario)

第二章
金融驱动 ESG 与绿色投资

绿色转型与经济学范式变革　　043

ESG 框架与准则推动企业目标函数变化、风险和资产重新定价、资产负债表变革　　044
中国国际经济交流中心副理事长、国际货币基金组织原副总裁朱民

绿色转型的新供给经济学　　049
中金公司首席经济学家、研究部负责人,中金研究院院长彭文生

银行业助力社会可持续转型与变革　　053

金融业肩负绿色金融责任,支持社会全方位转型与变革　　054
交通银行行长刘珺

发挥金融系统助推全球经济可持续发展的关键作用　　057
汇丰银行（中国）有限公司副董事长、行长兼行政总裁王云峰

星展银行的 ESG 理念与实践　　060
星展集团首席执行官高博德

银行理财机构的 ESG 投资实践　　063
华夏理财有限责任公司董事长苑志宏

证券业在 ESG 投资中的作用与实践　　067

证券公司在 ESG 生态中的角色和作用　　068
招商证券执行董事、总裁吴宗敏

可持续投资的理念和观点　　072
东方证券董事长金文忠

我国 ESG 领域的长期投资机会　　076
兴业证券总裁刘志辉

公募基金及资管行业的估值体系重塑　　081

公募基金在新时期的价值理解与 ESG 实践　　082
博时基金管理有限公司董事长江向阳

责任投资的内涵、作用及基金行业的实践　　085
易方达基金执行总裁吴欣荣

推动 ESG 投资与基本面投资整合：建立适用于本土市场的
ESG 基本面研究框架　　088
华夏基金总经理李一梅

抓住低碳经济商业趋势与机遇，推动公私合作投资　　091
瑞银集团资产管理前总裁苏妮·哈福德（Suni Harford）

在 ESG 投资背景下重新思考投资流程、产品及机遇　　094
保德信全球投资管理 ESG 全球主管尤金妮亚·乌南扬特－杰克逊
（Eugenia Unanyants-Jackson）

目录

XI

激活希望，必须激活资本：高质量信息披露与高效激励机制   097
富兰克林邓普顿全球执行副总裁兼亚太区主席孟宇（Ben Meng）

主动型 ESG 投资及参与行使所有权的探索   100
路博迈集团董事长兼首席执行官乔治·沃克（George Walker）

PE/VC 对绿色低碳产业投资的带动作用   103

高瓴资本在 ESG 领域的理念与探索   104
高瓴创始合伙人李良

ESG 与全球化 3.0   107
愉悦资本创始及执行合伙人刘二海

第三章
全球 ESG 披露框架和准则的发展与应用

全球 ESG 信息披露准则的发展与趋势   115

联合国负责任投资原则组织的建立及其在中国的实践   116
联合国负责任投资原则组织 CEO 大卫·阿特金（David Atkin）

企业可持续信息报告与强制性披露趋势   119
全球报告倡议组织 CEO 埃尔科·范德恩登（Eelco van der Enden）

ISSB 可持续准则：为什么、是什么、怎么做   121
国际可持续准则理事会主席特别顾问兼北京办公室主任张政伟

全球 ESG 实践的演进、挑战与机遇   123
中国环境与发展国际合作委员会国际首席顾问，国际可持续发展研究所高级研究员魏仲加（Scott Vaughan）

全球 ESG 信息披露政策与实践　　127

转型金融产品、信息披露政策与伙伴关系　　128
新加坡交易所集团首席执行官罗文才（Loh Boon Chye）

绿色金融与可持续投资实践　　132
伦敦证券交易所集团数据与分析业务大中华及北亚区董事总经理陈芳

ESG 披露标准的前沿进展　　135
沙特交易所首席执行官穆罕默德·艾·鲁迈赫（Mohammed Al Rumaih）

构建中国特色的 ESG 标准体系　　137

推动 ESG 融入中国特色现代资本市场建设　　138
上海证券交易所副总经理王泊

深交所推动可持续发展市场体系建设　　143
深圳证券交易所副总经理李辉

北交所推动中小企业实现绿色转型　　147
北京证券交易所副总经理孙立

立足中国放眼全球，构建具有中国特色的 ESG 体系　　150
汇添富基金董事长，上海资产管理协会会长李文

民族的就是世界的：ESG 的评价标准和应用　　154
晨星（中国）总经理冯文

碳核算方法的发展　　157

资产组合碳核算方法与应用　　158
中国责任投资论坛理事长，商道融绿董事长郭沛源

ESG 评级机构的实践与趋势　　163

ESG 市场的最新趋势及挑战　　164
惠誉集团总裁兼首席执行官保罗·泰勒（Paul Taylor）

可持续金融领域的主要发展　　168
彭博可持续金融解决方案全球负责人帕特丽夏·托雷斯（Patricia Torres）

面向全球机构投资者的 ESG 数据与风险分析工具　　171
MSCI ESG 与气候研究部亚太区主管王晓书

第四章
ESG 行动方案

诺贝尔奖获得者的可持续发展方案　　179

ESG 驱动创新：助力全球气候变化、粮食短缺、粮食安全问题解决　　180
2019 年诺贝尔经济学奖得主迈克尔·克雷默（Michael Kremer）

ESG 助力全球公平与包容性提高　　184
2010 年诺贝尔经济学奖得主，伦敦政治经济学院经济学教授
克里斯托弗·皮萨里德斯（Christopher A. Pissarides）

ESG 浪潮下股东"发声"机制的变革　　188
2016 年诺贝尔经济学奖得主，哈佛大学经济学教授奥利弗·哈特（Oliver Hart）

全球各界的 ESG 行动方案　　193

缓解气候危机，助力能源转型　　194
全国人大环资委专职委员，生态环境部应对气候变化司原司长李高

气候变化、全球变暖与全球合作应对　　　　　　　　197
加利福尼亚大学洛杉矶分校医学院生理学教授，美国艺术与科学院、国家科学院院士，《枪炮、病菌与钢铁》作者贾雷德·戴蒙德（Jared Diamond）

欧盟碳边境调节机制与中国应对　　　　　　　　　　200
全国工商联副主席，清华大学经济管理学院院长白重恩

能源电力行业如何适应 ESG 的新进展　　　　　　　204
中电联专家委员会副主任委员，国家应对气候变化专家委员会委员，华北电力大学新型能源系统与碳中和研究院院长王志轩

商学院行动助力全球气候问题应对　　　　　　　　　209
法国巴黎高级商学院院长埃罗伊克·佩拉什（Eloic Peyrache）

建筑与环境的关系：连接自然与城市　　　　　　　　212
建筑师，东京大学特别教授、名誉教授隈研吾（Kengo Kuma）

第三次工业革命新基础设施、经济范式变革与韧性时代　216
全球知名思想家与经济学家，华盛顿特区经济趋势基金会主席，《第三次工业革命》作者杰里米·里夫金（Jeremy Rifkin）

人工智能促进可持续发展　　　　　　　　　　　　　222
计算机神经科学教授，美国四大国家学院院士，《深度学习》作者特伦斯·谢诺夫斯基（Terrence Sejnowski）

基于技术视角对 ESG 的重新思考　　　　　　　　　226
《连线》杂志创始主编，《5000 天后的世界》作者凯文·凯利（Kevin Kelly）

利用 AI 推动教育模式创新，提升人类智慧与潜力　　230
可汗学院创始人、CEO 萨尔曼·可汗（Salman Khan）

技术应用促进自然资本保护　　　　　　　　　　　　233
富达国际全球首席可持续发展官陈振辉（Jenn-Hui Tan）

ESG 披露、评估体系的问题与挑战　　　　　　　　　235
哥伦比亚大学可持续管理教授、可持续发展政策及管理研究中心副主任郭栋

ESG 阶段性退潮的原因与解决 239
新加坡驻联合国前大使、新加坡国立大学亚洲研究所卓越院士马凯硕

第五章
中国企业的 ESG 实践

ESG 赋能中国经济高质量发展 245

ESG 赋能中国经济高质量发展 246
中国发展研究基金会秘书长方晋

ESG 的社会维度与社会企业的发展 250
中国乡村发展基金会执行副理事长刘文奎

企业及组织可持续转型方案 255

ESG 浪潮下企业的可持续战略转型 256
安永中国主席、大中华区首席执行官、全球管理委员会成员陈凯

企业如何提升 ESG 潜力和员工福祉 259
普华永道亚太及中国主席赵柏基（Raymund Chao）

公正转型——企业以人为本的价值重塑 262
德勤中国主席蒋颖

"她力量"赋能可持续发展 265
波士顿咨询公司大中华区主席廖天舒

打破 ESG 信息不对称 268
新浪财经 ESG 评级中心主任李涛

消费品行业的 ESG 实践   271

茅台"美"的价值创造实践   272
中国贵州茅台酒厂（集团）有限责任公司董事长、贵州茅台酒股份有限公司董事长丁雄军

ESG 融入企业高质量发展，推动可持续消费繁荣   275
盒马联合创始人、可持续发展部负责人沈丽

应对气候变化：雀巢绿色供应链和转型实践   279
雀巢集团执行副总裁、雀巢大中华大区董事长兼首席执行官张西强

百事公司 ESG 的理念和蓝图   281
百事公司大中华区首席执行官谢长安

麦当劳与"她力量"在一起   285
麦当劳中国 CEO 张家茵

地产行业的 ESG 实践   289

"碳中和"经济时代到来与企业参与   290
万科集团创始人，深石集团创始人王石

ESG 赋能我国企业高质量发展的意义与建议   292
绿地集团董事长、总裁张玉良

交通运输行业的 ESG 实践   295

企业"可持续发展"的机遇和未来   296
携程集团首席执行官孙洁

交通运输的绿色低碳转型：敦豪集团 ESG 实践   299
敦豪集团首席执行官麦韬远（Tobias Meyer）

车辆制造行业的 ESG 实践　　303

ESG 和企业社会责任　　304
中国中车集团有限公司董事长孙永才

以绿色科技和产业实现变革：比亚迪 ESG 实践　　307
比亚迪股份有限公司董事长兼总裁王传福

践行绿色可持续理念，以全域自研打造高质量发展　　309
零跑汽车创始人、董事长、首席执行官朱江明

能源行业的 ESG 实践　　313

中国华能的 ESG 实践与经验　　314
中国华能集团有限公司董事长温枢刚

中国企业 ESG 竞争力的创新：长江三峡集团绿色解决方案　　316
中国长江三峡集团有限公司董事长雷鸣山

ESG 助力企业高质量发展的路径和意义　　319
隆基绿能创始人、总裁李振国

创新需求侧减碳机制，拉动形成全社会广泛参与的"碳经济"　　322
新奥集团董事局主席王玉锁

高端制造及新材料行业的 ESG 实践　　325

海信在 ESG 领域的实践与思考　　326
海信集团董事长贾少谦

ESG 与科技创新助力中国制造走向中国创造　　330
工业富联董事长、CEO 郑弘孟

"商业赋能"与"社会赋能"的结合：跨国公司推动行业与社会
可持续发展转型　　　　　　　　　　　　　　　　　　　333
施耐德电气副总裁、公司事务及可持续发展中国区负责人王洁

探索 ESG 可持续发展的正泰实践　　　　　　　　　　　337
第十四届全国政协常委，浙商总会会长，正泰集团董事长南存辉

跨价值链合作与材料科技：陶氏的 ESG 实践　　　　　　340
陶氏公司大中华区总裁朱成怡

农业的 ESG 实践　　　　　　　　　　　　　　　　　345

农业侧的 ESG 解决方案与贡献　　　　　　　　　　　　346
新希望集团有限公司董事长刘永好

全球企业在实现可持续发展中能够扮演的角色　　　　　　349
先正达集团首席执行官傅文德（J. Erik Fyrwald）

制药行业的 ESG 实践　　　　　　　　　　　　　　　353

持续创新普惠大众，促进人才与产品可持续发展　　　　　354
复星医药执行董事、副董事长关晓晖

将 ESG 落实到企业经营发展全过程，成为国际一流企业　　357
华熙国际投资集团董事长、华熙生物科技股份有限公司董事长兼总裁赵燕

第一章

ESG的全球共识与经验

2023年，环境、社会、治理（Environmental, Social and Governance，简写为ESG）在全球逐渐形成发展共识。2023年12月，第28届联合国气候变化大会（COP 28）在阿联酋迪拜闭幕，大会最终就《巴黎协定》首次全球盘点、资金、公正转型等多项议题达成共识，各国就制定"转型脱离化石燃料"的路线图达成一致，将引发全球能源系统的深刻变革。与此同时，在各个国际组织的推动下，全球粮食系统、交通部门的转型也在深刻开展……

本章整合了联合国有关机构及代表，以及经济、能源、农业、交通相关国际组织对全球ESG发展及各产业转型的经验及建议，以期分享全球ESG发展的共识与经验。

联合国推动
ESG 全球治理的经验

人类生存危机、全球治理挑战与合作应对

联合国前副秘书长

金垣洙（Kim Won-soo）

可持续发展已成为关乎人类和地球未来的关键性因素。受气候、治理等多重国际危机的影响，人类命运正处于关键的转折点。

在人类社会开始至今过去的一万多年里，人类文明的进步大大提高了人类生活质量，但也给地球生态系统带来了难以承受的代价。如今全球平均气温在不断上升，1.5℃的阈值曾长期被认为是全球变暖的主要警告信号和转折点，而在 2023 年 7 月初，全球日均气温首次跨越了这一增长阈值，并且连续几天保持这个水平，2023 年 7 月也成为 12.5 万年以来最热的一个月。全球变暖带来极端的热浪、洪水、海平面上升及洋流改变。科学家最近发出警告，北大西洋流可能会在 21 世纪中期，甚至更早在 2027 年就消失，这将导致欧洲和北美的陆地结冰，就像 2004 年的电影《后天》（The Day After Tomorrow）一样。

人类正在经历关乎生存的危机，而目前响应却非常不积极。我们正在一步步地走向"集体自杀"的境地，而我们没有所谓的"B 计划"，人类只有一个选择，只有一个地球，而未来则取决于我们能否合作。

目前全球治理遭遇了巨大动荡，大国之间更加寻求竞争，而不

是合作。联合国安理会也无法说服各国达成一致，这是当下全球治理日渐衰弱的非常不幸的事实之一。我们面临相同的命运，所有的政府、民间机构及私营企业都应该集体行动，搁置偏见。全球治理应该恢复到以前的紧急状态，重拾全球大家庭的团结，通力合作，走向共同未来。其中，多边主义应成为有效的工具，帮助全球治理，这需要全球所有的国家达成一致。

我们也必须改变当前工业文明的模式，否则问题无法解决。商界和民营企业的领导将扮演重要角色，唤醒公众意识，提出创新解决方案，帮助改变当前不可持续的工业模式，让它变得对地球更加友好。

ESG 是一个重要工具，它能够提升企业的社会责任感，与联合国可持续发展计划交相辉映。环境、社会、治理这三者代表了联合国可持续发展目标（Sustainable Development Goals，简写为 SDGs）里面的 3 个 P，即 Planet（地球，对应"环境"），People（人类，对应"社会"），Partnership（合作，对应"治理"）。

我想致敬中国政府及上海市在推动 ESG 发展上做出的努力，已经有力地帮助商界实施 ESG 并加速 ESG 在中国乃至全球的落地。所有政府都应时刻警醒，并通力行动。各方政府肩上都负有责任和使命，应抛弃狭义的民族国家的理念，寻求全人类共同的利益。

中国、美国当下世界两个最强大的国家，具有义不容辞的责任。中美应该走在一起，共同担当，把世界引向一个更好的未来。对亚洲国家来说主要有两个任务，第一，我们目前在实施联合国可持续发展目标（SDGs）的道路上只走了一半。2023 年上半年，我们在推动联合国可持续发展目标上的进展还较为缓慢，必须付出双倍努力，在联合国可持续发展目标的实施上更进一步。第二，我们如何更新在实现联合国可持续发展目标之后阶段的内容和议题。新的发展议题需要更加注重定性标准，关注文明和生活方式的转变，比如新的模式、新的生活方式。亚洲在过去20年中为实现联合国可持续发展目标做出了重大贡献，中国已经帮助了数以亿计的人脱贫。未来，亚洲应该能够起到更为重要并且关键的作用，在接下来的几年帮助加速联合国可持续发展目标的实施。

人类现在深陷麻烦之中，但未来仍然在我们手上，我们必须做出正确的选择。道阻且长，但我们仍满怀希望。正如谚语所说，"一人行速，众人行远"。

全球绿色发展转型的四大趋势与机遇

世界资源研究所高级顾问，联合国前副秘书长

埃里克·索尔海姆（Erik Solheim）

10 年前，很少有人讨论 ESG 这一概念，而现在，几乎全球企业都在探讨这一问题。我们正面临着三重环境危机：污染、自然破坏和气候变化，在这一背景下，全球范围内 ESG 的发展浪潮是非常积极的进展。

中国在污染治理等领域已取得了巨大成功，中国安吉县的绿色转型堪称奇迹。过去，安吉县环境污染、烟尘问题非常严重，但现在，每年有上百万名游客会造访美丽的安吉县，旧厂房被改造成美丽的图书馆、火锅店、咖啡屋。过去，人们往往只关注经济增长，而现在，中国开始关注高质量增长，步入绿色时代。中国出现了两次变化，一次让人们走出贫困，一次让人们走向绿色。中国比人类历史上任何一个国家都更快地完成这样的变化，并且拥有更大决心实现这样的转变。

当然，不只中国出现这样的变化，世界各地都在实践绿色发展。在美国，拜登总统签署了《通胀削减法案》，为美国的电动汽车、绿色氢能、风电和太阳能发电等产业提供巨额补贴。在欧洲，欧盟推出了绿色新政。在世界人口大国印度，总理莫迪正领导印度进入绿色未来，政府每天都在推出新的绿色倡议，包括国家绿色氢

能计划、电动车计划、电池计划等，也在运用国家力量推动商业发展。

接下来，本部分将提出对于理解全球转型十分重要的四个趋势。我们正处在人类历史的十字路口，理解全球转型非常关键。

第一，亚洲正成为绿色产业的领导者。世界上 60%~80% 的绿色产业都集聚中国，中国在全球太阳能、风能、水力发电、电池、电动车、绿色高铁等产业中都占到 60%~80% 的份额，并且中国企业在以上所有产业中都处于领先地位。中国的隆基绿能是全球最大的太阳能公司之一，长江三峡集团是全球最大的水电公司之一，金风科技是全球最大的风电公司之一。在电动车及电池制造方面，比亚迪已超越特斯拉，成为全球最大的纯电动车生产商，来自福建省宁德市的宁德时代，为全球最大的电池厂之一。此外，不仅中国在采取行动，印度、印度尼西亚、越南和其他许多国家，也都在采取行动。全世界一半的人口都居住于东亚或南亚，这对世界意义非凡。在绿色市场方面，美国和欧洲的投资者，需要付出加倍努力，才能与中国甚至印度竞争。

第二，企业积极引领绿色潮流。我们需要中国政府这样的政府来制定市场框架，设定未来愿景。在框架之下，已能够看到中国企业在引领绿色潮流。在许多国家，企业走得比政策要快得多，而中国是一个很有趣的例子，中国企业的绿色发展与巧妙的工业政策是相结合的，如中国的电动车产业。众所周知，汽车是由德国人发明的，但现在，慕尼黑车展上的焦点都是中国公司。中国公司已经实现跨越式发展，进入未来。在过去的汽车工业中，中国并没有一个世界熟知的品牌，如今中国通过跨越式发展迅速进入电动车领域，收获了市场份额，也提供了许多就业岗位。2023 年，中国已超过日本，成为世界上出口汽车最多的国家，其中，最主要的就是电动车。近 10 家中国车企都处于领先地位，包括比亚迪、吉利、红旗和蔚来，它们都在竞争绿色交通市场，提供就业岗位，同时为中国和其他国家及地区的城市环境和空气质量改善做出贡献。

第三，科技在节约资源方面能够发挥重要作用。此前笔者参观了四川省的雅砻江流域水电开发有限公司，它能为一亿人提供电力，包括企业和居民。该系统对太阳能和风电做了大规模投资，当不刮风或者没有太阳时，水电则充当电池，整个系统使用高科技进行整合，效率极高。在海南，华为建立了能够识别长臂猿声音的系统，通过这一高科技系统，长臂猿的监护者可以识别出长臂猿是否需要帮助，进行干预，帮助解决长臂猿濒临灭绝的问题。

第四，应该积极探索所有自然解决方案。自美国建立了世界上第一座国家公园以来，建立国家公园的做法已经扩展到100余个国家。中国目前正在建设世界上最大的国家公园体系，各地都将建立国家公园，青海和西藏也即将建立大型国家公园。四川的大熊猫国家公园已经让大熊猫的数量快速增长，可以看到，通过国家公园来保护自然十分重要。此外，中国贡献了世界植树量的一半。内蒙古的库布齐沙漠成功对抗了沙漠化，使沙漠绿了起来。库布齐沙漠采取的是非常高科技的高效做法，通过机器人、无人机，并借助过去学到的经验，能知道哪些植物种下去更容易存活。在这点上，中国比世界上的任何地区都要成功。

这就是21世纪面临的四大趋势：亚洲领导、企业引领、科技的重要性和基于自然的解决方案的重要性。如果把这些都结合起来，我们将能够创建所有人都希望创建的生态文明。

推动全球可持续金融监管与投资合作

联合国开发计划署可持续金融中心主任
马科斯·阿蒂亚斯·内托（Marcos Athias Neto）

在过去10年中，ESG已成为重新定义金融行业发展方向最重要的考量因素之一。从最初金融机构只是进行"排除式"被动投资，到现在已经演化为一系列ESG投资策略，将ESG因素纳入投资分析和决策，以更好地管理风险和提高回报。

预计到2026年，全球资产管理者管理的ESG相关资产将从2021年的18.4万亿美元增至约33.9万亿美元。在这不到5年的时间里，ESG资产将占全球管理资产总额的21.5%，但与此同时，误导性陈述和"漂绿"行为的风险也随之而来。

随着投资者对ESG产品需求的不断增加，旨在提高可持续资金流质量及金额的可持续金融政策也显著增多。这些政策的最终目的是使资本分配与可持续性风险合理适配，从而将各种形式的金融活动转向可持续发展事业。这些政策横跨范围很广：从要求提供与气候和环境相关的信息，以解决市场失灵问题，到对资金流实施直接的金额控制，如中国人民银行的碳减排支持工具。

但是，现阶段ESG领域的监管是非常分散的，全球各地的监管标准不尽相同，从而导致产生误导性陈述。如果央行政策、金融法规和监管准则之间没有一定的协调，那么金融部门只能缓慢、片面、分散地调动可持续资本。

在市场层面，大多数投资者认为可持续投资面临的主要挑战是"漂绿"问题。"漂绿"行为相当普遍，企业和基金公司所声称的可持续发展是无法验证或不可信的，这会误导投资者，让投资者以为自己在支持可持续倡议，也会阻碍企业在绿色证书认证上的公平竞争。

在上述监管分散与"漂绿"问题的大背景下，接下来将深入探讨联合国开发计划署如何解决这些问题，以及我们为什么坚信ESG投资的未来取决于可持续金融战略，它将切实影响全球可持续发展成果，对气候、环境和社会产生积极影响。

联合国开发计划署可持续金融中心的工作主要包括以下四个方面。

第一，将可持续发展目标纳入金融政策的框架，确保可持续发展目标相关指标被纳入金融决策。

第二，创造与可持续发展目标相一致的投资机会，识别与匹配投融资机会。

第三，降低风险，扩大与可持续发展目标相一致的投资规模。

第四，加强可持续发展目标影响的管理与量化评估，为可持续投资创造一致而有利的环境。

为解决监管分散问题并加强各方协作，联合国开发计划署将通过支持政策改革、实施国际金融整体框架来帮助创造这种有利的环境。国际金融整体框架指的是各方政府需要针对自己做出的政策承诺，推出相应的经济政策，这将促使政府根据各方优先事项来制定长期的金融框架及可持续发展投资计划，同时保证债务可持续。

目前，联合国开发计划署正积极与各国政府合作，分析和评估各国管理现有债务或发行新债需要采取哪些切实可行的金融解决方案。这些工作的开展围绕可持续发展这一总体目标，促进以可负担的成本提供稳定长期融资。为实现这一目标，联合国开发计划署与公共和私营实体均建立了牢固的伙伴关系，以支持与可持续发展目标相协调的债券发行和债务重组。

随着市场上气候承诺的增加，对市场诚信和缺乏统一可持续性报告的担忧也在增加，联合国开发计划署决心要加强可持续投资产品的问责制。可持续金融中心致力于提高私营金融机构所做承诺的可信度，具体做法是推广能够提高可持续相关数据可靠性以及承诺透明度的机制。

在整合各国金融框架的工作中，有11个国家希望在绿色和可持续发展金融分类标准上获得支持。联合国开发计划署希望能够释放私有资本，并使企业运营与可持续发展目标保持一致。我们的可持续发展目标投资者地图提供了全面的国家一级市场情报，旨在引导投资者识别既能对可持续发展目标产生积极影响，又有潜力带来财务回报的投资机会。私人部门股东，包括企业的投资者，可以利用这些地图重新调整战略，以扩大投资影响，并锚定投资机会领域中存在的机会。此外，金融或非金融中介机构也可以利用地图中的投资机会领域来建立项目通道。

在国际层面，联合国开发计划署充当了由中国人民银行和美国财政部共同主持的二十国集团（G20）可持续金融工作组的秘书处。2023年，在印度担任G20主席国期间，可持续金融工作组认识到，要扩大可持续金融规模，就必须解决发达国家和发展中国家，特别是中小型企业在政策设计、执行、问责机制，以及金融产品和银行可担保项目开发和评估方面的能力差距。

应对可持续性挑战，需要私营企业和公共部门采取综合手段，共同合作。这将涉及多种融资手段，产生不同结果，例如，可能会造成不平等的问题。因此，加强各方在可持续金融领域的合作比以往任何时候都更加迫切。

将生物多样性保护议题纳入 ESG 全球实践

联合国《生物多样性公约》代理执行秘书长

大卫·库珀（David Cooper）

世界正经历生物多样性丧失、气候变化、土地和水域退化及污染等危机，这对全球社会、文化、经济繁荣及地球的健康造成了实质性威胁。在应对危机的行动中，ESG 的重要性逐渐增加。我们应期待 ESG 加速发展，并将保护生物多样性议题纳入其中。

2022 年 12 月，在联合国《生物多样性公约》第十五次缔约方大会（COP 15）主席国中国的引领下，各国齐聚蒙特利尔，在第二阶段会议中通过了《昆明—蒙特利尔全球生物多样性框架》（以下简称"框架"）。框架的目标是到 2030 年，遏制并扭转全球生物多样性丧失，具体目标包括：对生物多样性、物种及生态系统的保护、恢复和可持续利用；促进可持续的生产和消费行为，如可持续的农业与粮食生产及城市消费；尊重原住民和地方社区的权利；等等。

这一计划的成功实施需要政府、社会的全面投入。各国政府必须发挥主导作用，同时金融机构、企业及其他行动主体必须发挥自身作用。特别地，在框架的"行动目标 15"中，也呼吁企业和金融机构公开披露其价值链及投资组合中对生物多样性相关的风险，对生物多样性的依赖程度和影响。其目的是逐步减少对生物多样性的负面影响，降低企业和金融机构的生物多样性相关风险，同时增加对生物多样性的有利影响，并采取行动，确保可持续的生产模式。

借鉴气候变化领域的相关工作经验，自然相关财务披露工作组（TNFD）于 2023 年 9 月发布了评估、报告、披露企业及金融机构对生物多样性依赖程度和影响的方法指南，并介绍了企业和金融机构所面临的日益增长的自然相关风险。这一举措是一项重大的进步，可以为我们理解、评估和报告自然相关风险，以及对自然环境的依赖程度和影响提供清晰且一致的标准，也将为投资者、消费者及监管者做出知情决策提供所需的信息，并减少对自然有害活动的负面影响。

作为 COP 15 主席国，中国在生物多样性保护方面起到了很好的表率作用，并在国际社会上展现出了强有力的担当。ESG 理念在中国也得到了积极反馈，不仅反映在商业实体、金融机构和金融工具的政策制定上，而且在具体的实施过程中，各个企业的 ESG 实践也非常积极。希望这些进程能够大步加快，共同努力将《昆明—蒙特利尔全球生物多样性框架》从协议转化为行动。

助力中国企业负责任的商业实践

联合国驻华协调员

常启德（Siddharth Chatterjee）

推动可持续发展和负责任的商业实践具有重要意义。我们正面临着一系列关乎人类存亡的挑战：全球气候危机日益失控，冲突、贫困和不平等现象日益加剧，可持续发展目标变得更加遥不可及。这些挑战并不是孤立的，它们相互关联，我们需要采用整体方法，推动各方拥抱ESG原则来解决。

ESG代表我们看待发展问题范式的转变，ESG框架代表我们认识到经济繁荣与环境、社会和公司治理体系之间存在着深层次的相互依赖，需要用多维视角来看待发展问题。

作为世界第二大经济体，中国正处于深刻转型之中。中国承诺2030年之前实现"碳达峰"，2060年之前实现"碳中和"，这需要全社会的共同努力。然而，在追求转型的同时，我们应敏锐地意识到持续存在的挑战，包括经济增长放缓、发展不平衡、自然灾害、生物多样性丧失、污染和其他环境问题。

应对这些可持续发展挑战从未如此迫切，在这种背景下，ESG理念已经并将继续占据重要位置。越来越多的利益相关者认识到经济增长必须与人类和地球的福祉齐头并进。要想让ESG取得成功，需要各领域的利益相关者积极参与，进行对话。

ESG 全球领导者大会提供了一个探索 ESG 解决方案的平台，将政府官员、企业家、金融和服务业的领导者，以及学术界人士汇聚在一起，使相关人士能够共同深入探讨最关键的 ESG 主题，绘制低碳和可持续未来的全球愿景。探讨的主题包括中国的可持续发展愿景、ESG 发展新趋势、围绕环境和气候变化的关键问题以及全球可持续发展目标的进展。ESG 原则显然存在于更广泛的可持续发展目标之内。我呼吁，所有企业不仅应当努力符合 ESG 原则，还应当符合联合国全球契约十项原则，最重要的是，要与可持续发展目标保持一致，群策群力，共同迈向更公平、更可持续的未来。

可持续发展目标为一个更加公平、公正和可持续的世界描绘了蓝图，不让任何人掉队。然而，目前距实现可持续发展议程的最后期限 2030 年已经进程过半，可持续发展目标却面临风险。正如联合国秘书长安东尼奥·古特雷斯先生所说，我们需要推动"企业、地方当局和其他行为体大力支持这些目标"。ESG 聚焦环境、社会和公司治理，提供了一条符合可持续发展目标的前进道路。我十分赞赏中国对环境、社会和公司治理的承诺，也向中国呼吁更进一步，全力支持可持续发展目标并积极努力实现这些目标。

联合国驻华系统致力于支持中国通过实施合作框架来实现可持续发展目标。ESG 原则与框架的战略重点一致，包括实现公平经济和社会发展，追求绿色发展以创造可持续、有韧性的环境，联合国驻华系统支持中国参与国际合作，加快实现全球可持续发展目标。联合国驻华系统一直在自身项目和运作中倡导 ESG 原则，联合国妇女署颁布了与 ESG 报告框架相一致的性别相关报告的指导原则，强调将性别平等作为可持续发展基础的重要性。此外，联合国驻华系统还积极为公共和私营企业提供咨询服务，将 ESG 原则融入其业务模式，以确保这些企业的投融资和实践与可持续发展目标保持一致，从而在全球商界产生积极的连锁反应。

为实现负责任的商业实践，国际劳工组织、联合国开发计划署、联合国全球契约组织、联合国儿童基金会以及联合国妇女署与中国实体企业合作，将联合国商业指导原则融入中国企业的海外业务经营和投资。这是在全球范围内促进可持续和以 ESG 为导向的商业实践的重要一步。

当我们回顾上述成就并思考未来的道路时，有一点显而易见，伙伴关系、协作和知识共享将成为我们进步的驱动力。联合国驻华系统已做好准备，愿意与各方及机构合作，推动可持续发展的创新解决方案落地，分享包括 ESG 在内的技术专长。

推动可持续发展与
恢复全球经济增长

重塑全球信任与合作，推动全球经济重回增长轨道

世界经济论坛总裁

博尔格·布伦德（Borge Brende）

目前，全球面临一系列挑战，包括地缘政治挑战、战争，以及以高通胀、低增长、高债务为特点的经济挑战等。若世界各国能开展合作，在增长议程上达成共识，预计全球经济不久便会恢复增长，并呈现出更为强劲的势头。如果不能实现增长，就无法消除贫困，无法创造新工作岗位，无法实现消费升级。因此，当下世界经济论坛的工作重点就是确保世界不再分裂，重塑全球信任与合作，让全球经济重回增长轨道。

可持续发展正变得前所未有地重要。随着大量人类活动空间的丧失、自然环境承受更加巨大的压力，气候变化不再是理论上的、抽象的问题，各国政府已在应对气候变化上逐渐形成共识。世界经济论坛希望能够达成企业和政府间实实在在的承诺，必须在2050年转型成净零社会。各国都需要认清这样一个事实：在气候这一问题上，不作为的代价远远超出作为的代价。

各国都知道如何从基于化石燃料的社会转变为使用可再生能源的社会，动作也非常迅速，太阳能、风能这些可再生能源正发挥着愈来愈重要的作用。但现在是行动的时候，如果我们等待下去，地球上的许多地方将在夏天变得过于炎热，无法居住，并对水资源、

食物资源产生非常糟糕的影响。所以，各国必须撸起袖子行动，并在阻止气候变化问题上达成共识。

由于新冠疫情和经济低速增长，全球贫困，甚至是极端贫困，在30年来首次出现增长。各国在未来10年需要实现可持续发展的目标，减少二氧化碳的排放，并重塑增长方式。世界经济论坛非常看好中国经济在2023年夏季和秋季的表现，对此非常乐观。我们认为中国将以相当快的速度恢复增长，中国和中国人民将在2024年迎来非常不错的年景。

在推动全球可持续发展上，中国已经采取了许多重要措施。中国是全球太阳能发电和风力发电设备设施的生产大国。现在，太阳能的价格只有10年前的1/10，风电的价格也只有10年前的1/7，在世界很多地方，可再生能源甚至比化石燃料更便宜，中国的贡献功不可没。在全球社会从主要使用化石燃料转变为可再生能源的进程中，中国是不可或缺的一分子。

全球合作，
推动行业绿色转型

减缓气候变化，助力能源转型

国际能源转型学会会长，国际能源论坛第四任秘书长

孙贤胜

本部分主要聚焦以下几方面的内容：现阶段全球能源转型的背景及具体进展，国际能源转型学会对ESG发展的展望及几点建议。

ESG投资与清洁能源转型具有相同的低碳愿景，两者目标一致，将推动全球能源转型的快速发展。当前世界各国正在积极合作以应对气候变化这一全球挑战。第28届联合国气候变化大会于2023年在阿联酋召开，由于大部分二氧化碳排放来自化石燃料燃烧，推动全球能源系统由化石能源向可再生能源转型成为讨论的重要问题。因此，ESG中"E"的评价标准与全球能源转型战略相融合，成为赋能企业绿色低碳发展的重要抓手，ESG实践有利于引导资金投向低碳技术创新领域，持续推动企业绿色低碳发展。

全球可再生能源快速发展，2022年可再生能源新增装机规模达到创纪录的300GW。截至2022年年底，全球可再生能源装机容量达到3 372GW，同比增长295GW，增长率达9.6%，可再生能源装机容量占新增装机容量比重达83%。中国是全球可再生能源装机容量最大的国家，占全球新增容量的52%，累计容量的1/3。中国可再生能源的发展为全球应对气候变化做出了积极的贡献，从积极的参与者转变为重要的贡献者。

中国积极推进能源转型，可再生能源发展规模保持全球领先。中国可再生能源发电装机容量达到1 213GW，其中水电、风电、光伏装机规模分别达到414GW、365GW、392GW，分别连续18年、13年、8年稳居世界第一。可再生能源发电量达到2.72万亿kW·h，其中风电与光伏年发电量首次突破1万亿kW·h，达到1.19万亿kW·h，接近中国城乡居民生活用电总量。在占比上，可再生能源装机占国内总装机的47.3%，电量占比为31.6%，其中年新增装机占全国新增装机的76.2%，新增发电量占比为81%，已分别成为全国新增电力装机和新增发电量的主体。2022年，中国可再生能源发电减碳量约22.6亿吨，2012—2022年这10年共减碳162.6亿吨。2022年出口的风电与光伏产品减碳量达到5.7亿吨，2012—2022年这10年共减碳21.4亿吨。

全球能源市场正在迅速发展，ESG投资将发挥重要的导向作用。预计到2025年，可再生能源市场规模将达到2 000亿美元，到2030年，可再生能源将占全球能源消费的50%左右。在这一进程中，ESG作为投资者关注的重点，基金将流向ESG表现优异的企业。2020—2022年，全球ESG投资规模不断扩大，ESG要素也被纳入投资分析决策，ESG推动绿色低碳发展的导向作用更加突出。

ESG被视为企业的第二张财报，已成为国际投资市场的主要策略之一，以金融机构为端口持续推动经济和产业绿色低碳转型和可持续发展至关重要。预计到2025年，ESG投资规模将达到53万亿美元，占全球管理资产投资总量的1/3。清洁能源投资自2015年以来持续增长，化石能源投资总体呈下降趋势。2022年全球清洁能源投资约1.62万亿美元，化石能源投资约1万亿美元。2022年6月以来，全球ESG基金和清洁能源基金均获得净流入，其中ESG基金累计净流入达654.83亿美元，清洁能源基金累计净流入达12.79亿美元。

ESG 投资能促进企业对低碳技术的投入，将碳排放化为企业的经营成本，增强企业低碳转型的动力。一是 ESG 投资者坚持绿色低碳准则，在化石能源企业的投资过程中，重视其在可再生能源的技术和规模布局，直接促成化石能源企业对于碳捕获利用与封存（CCUS）技术、绿氢、海上风电等资本密集型清洁能源技术的主动、大力度投入，加速了全球能源转型速度。据国际能源署统计，全球大型石油天然气公司对清洁能源技术的投资近年来呈上升趋势。二是 ESG 投资者不断意识到气候风险，将资金投入有助于全球低碳转型的绿色创新领域，将企业低碳转型的进程与效果在 ESG 评价中的表现作为金融机构发放贷款和全球投资者构建投资组合的重要考量指标，这意味着碳排放逐步内化为企业的经营成本，企业的气候和碳管理水平将直接影响融资。

ESG 可持续发展理念推动了能源企业对气候风险的关注度，从政府支持、市场发展和企业效率等方面提升企业低碳转型的能力。在政府支持方面，2022 年，全球政府推动可持续发展的政策措施增多，企业在 ESG 转型中可受益于政府提供的激励措施、补贴和税收优惠等政策支持，从而降低企业转型的成本，为企业转型提供更多机会和动力。在市场发展方面，ESG 转型被视为企业长期可持续发展的关键因素，许多投资者和金融机构越来越重视 ESG 绩效，以获得更多融资渠道和资本市场机会。在企业效率方面，ESG 转型促使企业寻求技术创新和效率提升，以减少碳排放和环境影响。企业通过引入清洁技术、碳捕获利用与封存技术等创新技术，降低成本，减少排放，实现可持续发展。

中国 ESG 监管不断完善，上市企业披露 ESG 报告数量持续攀升。中国 ESG 投资开始步入快速发展阶段，在"双碳"政策推动下，越来越多的上市公司开始主动披露 ESG 报告。2022 年 3 月，国务院国资委成立了社会责任局。2022 年 12 月，"中央企业 ESG

联盟"由国务院国资委社会责任局指导成立，首批11家企业成员。2022年12月，国际财务报告准则（IFRS）理事会宣布已经与中国财政部达成协议，在北京设立办公室，这也是其在亚洲的总部。据国资委办公厅发布的《关于转发〈央企控股上市公司ESG专项报告编制研究〉的通知》，截至2023年4月，A股和港股央企控股上市公司ESG专项报告达到328份，占比约71.6%，央企正在发挥示范引领作用，主动提升ESG相关信息披露率。截至2023年9月，153户央企境内上市公司编制并发布了专门的2022年度ESG报告，占比达41.58%，较2022年占比提升28.87个百分点。

中国ESG监管不断完善，在金融机构监管、行业标准和企业监管上都有了很大的发展。特别是在企业方面，2022年，中国质量协会牵头发布了《企业ESG评价指南》《企业ESG披露指南》《企业ESG信息披露通则》及相关内容。2022年，绿色债券标准委员会制定了《中国绿色债券原则》。能源行业ESG报告气候信息披露日益丰富，目标越来越明确。中石油将努力实现2035年新能源新业务产能与油、气三分天下。中石化绿色转型步伐也在加快，正着力打造中国第一氢能公司。2023年上半年，中石化的国内首条百万吨级的碳捕获利用与封存技术示范项目正式投运，内蒙古首个绿氢耦合煤化工项目开工建设，在新疆库车最大的光伏发电制绿氢项目全面投产。中海油构建了新能源业务发展体系，成立了新能源分公司，加快推动绿色发展。其主要聚焦海上风电业务，2023年上半年，世界首个半潜式"双百"[①]深远海浮式风电项目在文昌油田成功并网发电，主力生产设施"海油观澜号"装机容量7.25MW，预计每年减排二氧化碳2.2万吨；同时，中国首个海上二氧化碳封存示范工程项目在恩平15-1油田成功投用。

---

① 双百是指水深超百米、离岸距离超百公里。——编者注

本部分针对中国现阶段的 ESG 发展提出以下几点建议。

一是企业管理者应加速构建 ESG 管理体系。ESG 从自愿到强制披露，留给企业可能只剩一两年的时间，企业需抓紧建立 ESG 管理体系。

二是企业应着眼于持续发展问题，做活长期主义的实践。ESG 实践不是做一个表面文章，给政府看，给社会看，而是要把自己的企业在未来可持续发展的角度做好，让历史和子孙后代来检验。

三是 ESG 要与数字化、智能化相结合，不断提高企业 ESG 管理水平和信息披露质量。随着科技进步，ESG 管理要和企业经营管理紧密结合。

四是 ESG 与本土议题相结合，立足所在地政策环境，大力推动能源转型。中国大型能源企业在国际上都有自身的海外项目、自己的分公司，国内与国外国情不同，需要结合各国国情进行自身 ESG 实践。

公共部门 ESG 投资引领清洁能源转型

自然资源保护协会总裁兼 CEO
马尼什·巴普纳（Manish Bapna）

ESG 投资在引领清洁能源转型中扮演着至关重要的角色。投资可持续发展也是企业和投资者防范风险，抓住机遇的方式。企业和投资者越来越意识到，气候变化和其他环境问题可能带来重大的财务风险，ESG 投资提供了减少这些风险的长期战略——既能减少气候和环境影响所带来的物理风险，也能减少清洁转型和产业升级可能引发的转型风险。此外，气候相关投资目前需求巨大，且在迅速增长。科学研究显示，到 2030 年，全球二氧化碳排放量需要比 2010 年下降至少 45%，才能避免气候变化导致的严重后果。其中，最重大和最紧迫的需求，是对气候问题提供融资支持。据彭博预测，想要避免气候灾难，至 2050 年，全球共需向清洁能源项目投资 194 万亿美元。据国际能源署数据，全球清洁能源投资在 2023 年创下了 1.7 万亿美元的历史新高。

想要解决气候融资不足的问题，必须发挥公共和私人资本的创新和协同作用。本部分将重点讨论公共资本在其中发挥的作用，以帮助气候投资加速募集所需资金，政府在激励私人资本追求公共利益方面有许多经过验证的、有效的工具。

第一，政府可制定政策，引导公共资本和撬动私人资本应对气候危机。据彭博数据，仅2022年，中国在风能、太阳能、电动汽车和电池等领域就投资了5 460亿美元，几乎占2022年全球低碳支出的一半。欧盟成员国也已经同意将6 500亿美元的公共资本用于气候和清洁能源投资，这与其更强力的环保措施相辅相成，共同构成有雄心的欧洲绿色新政的一部分。美国总统拜登签署了给予清洁能源税收激励的《通胀削减法案》，法案签署后，美国企业宣布的清洁能源投资已超过860亿美元。

第二，需重点关注开发银行，包括多边开发银行、国家开发银行和地区性开发银行。开发银行在达成全球气候目标、帮助发展中国家提供可规模推广的气候解决方案方面发挥着至关重要的作用。亚洲开发银行、泛美开发银行集团、世界银行集团和其他五家多边开发银行在2021年共同为亟须气候融资的发展中国家提供了总共590亿美元的投资，帮助缩小了这些国家所需的资金和私人投资者能够提供的资金之间的差距。这对低收入国家来说尤为重要，将近60%的低收入国家面临高额公共债务的压力，难以为清洁能源或其他迫切的公共需求融资。据亚洲基础设施投资银行估计，到2030年，其气候融资批准额将达到500亿美元，助力实现《巴黎协定》目标。这里重要的不仅是投资规模，还有开发银行撬动私人资本的潜力，我们需要推动私人资本与开发银行合作，共同应对气候变化。

第三，主权投资者是强大的公共参与者，如主权财富基金和公共养老金等。自然资源保护协会同中国国际金融股份有限公司、挪威Storebrand资产管理公司、中国环境与发展国际合作委员会共同合作，研究公共养老金和其他大型资产所有者在帮助缩小气候融资缺口方面的作用，研究结果显示其潜力是巨大的。在全球范围内，公共养老金和主权财富基金管理着超过30万亿美元的资产，相当于全球国内生产总值（GDP）的1/3，足以成为缩小气候融资缺口的主导力量。

中国的全国社会保障基金（简称"社保基金"）也是世界上最大的主权财富基金之一，社保基金在推动可持续投资方面取得了重要进展。2022年11月，社保基金发起了一项重要招标，邀请国内的公募基金投标管理ESG投资产品，超过20家头部公募基金都参与了投标。利用其规模和影响力，中国社会保障基金正在向投资者释放信号，有助于引导资金流向可持续项目。这显示了资产所有者可以通过投资决策和参与来催化积极变化，释放巨大影响力。气候融资也可以成为帮助企业运营与可持续发展目标保持一致的有力工具。

近年来，许多大型资产池的所有者和管理者及各种规模的股东，都在积极利用自身影响力，推动企业做出改变，从不可持续的产品和运营方式转型，构筑绿色、可持续的商业模式。资产管理者参与"积极所有权"或"尽责管理"实践有多种方式，除了在季度或年度股东大会上投票或提出投票提案，积极所有者还可以与公司领导层展开对话，敦促其改善ESG表现。

现阶段，我们也面临着ESG和可持续投资方面的一些问题及挑战。面对"漂绿"问题，美国证券交易委员会2021年3月成立了气候和ESG工作组以制定举措，主动识别"漂绿"行为。2023年3月，因虚假和误导性ESG披露，美国证券交易委员会对巴西矿业公司淡水河谷做出5 600万美元处罚。2023年7月，澳大利亚证券和投资委员会对美国投资巨头先锋领航公司提起"漂绿"诉讼，指控该公司在全球债券基金中就对化石燃料相关产业公司的持有情况误导了投资者。

此外，美国证券交易委员会正在建议增加ESG基金的披露透明度，以提升投资者信心。一是强调ESG实践的基金需制定强有力的披露和报告框架，二是制定强制性的具体要求以确保基金名称准确反映其投资内容和相关风险,例如,若基金的名称显示了 ESG 投资策略或使用了任何 ESG 术语,那么这些 ESG 因素必须是该基金投资策略的核心。完整、可比、可靠且强制性的披露可以成为投资者信心和信任的基础。

　　成功需要政府、私人部门和投资者等各方扩大合作,共同努力创建有利于 ESG 和可持续投资发展的健康生态圈。

各国齐心协力，走向持久、包容和可持续的未来

能源转型委员会主席，英国气候变化委员会前主席
阿代尔·特纳（Adair Turner）

2023年全球极端天气事件频发。世界各地的气温突破历史新高，洋流、水文循环急剧恶化，大规模洪水、干旱和野火频发，南极冬季冰层急剧减少等许多事件都给世界敲响警钟。人类已经目睹了气候变化造成的严重危害，气候变化的速度比我们想象的还要快，留给人类的时间是有限的。

然而好消息是，各国已经认识到可以通过发展零碳经济来遏制气候变化危害。所有富裕的发达国家最迟在2050年实现净零排放，所有发展中国家最迟在2060年实现净零排放，这样的目标在21世纪中叶，是可能实现的。

到目前为止，建设零碳经济最重要的事项是实现大规模的清洁电气化。这意味着，首先，要让尽可能多的经济领域实现电气化，包括推进道路运输电气化、建筑供暖电气化，以及许多工业应用中的中温供热电气化，同时使用电能生产的氢气来实现其他经济部门的去碳化。其次，电力系统本身要尽快实现去碳化。实现这一目标，主要是通过大规模部署可再生能源，逐渐减少天然气和煤炭利用率，并利用碳捕获利用与封存技术将天然气和煤炭快速转变为可再生能源系统之外的后备能源来源之一。理想情况下在21世纪40

年代中期，净零排放的电气化生产就能覆盖世界上的大部分地区。

零碳目标关键技术的发展速度远超人们想象。太阳能光伏成本的下降速度可能比我们想象的速度要快。太阳能光伏发电的产量，即每平方米太阳能电池板的发电量，正在持续上升，安装速度也远超过去的预测。

此外，电动汽车在乘用车市场的渗透率增长速度也快于预期，卡车运输的电动化也逐渐成为现实。在太阳能电池板和电池这两项关键技术方面，中国都发挥了至关重要的作用，并将在未来几年继续扮演关键角色。

电解槽生产绿氢的成本也在不断下降。这是一项对去碳化至关重要的技术。例如，全球航运的动力供应可通过在船舶发动机中使用绿色氨或绿色甲醇来实现，钢铁生产未来可以由焦煤转向氢直接还原进行。此外，在可再生能源主导的电力系统中，氢能也将在平衡供需方面发挥重要作用。在电解槽技术上，中国再次发挥了重要作用。

现在我们拥有了越来越多的能够保证到21世纪中叶实现净零排放的技术。我们走得越快，就越能遏制全球变暖的趋势。如今，全球平均温度水平比工业化前约高1.2℃，要实现"将全球变暖幅度控制在1.5℃以内"的目标几乎是不可能的，但我们仍然可以实现"将其控制在2℃以内，如1.7℃"的目标。如果我们这样做，我们至少会减小气候变化带来的有害影响。倘若我们允许全球变暖幅度达到2℃，其危害将是灾难性的。

那么，为了实现这一技术上可行的目标，全世界能共同做些什么呢？

当务之急是确保世界各方在其他全球问题上的分歧不会阻碍其在气候变化问题上的合作。这方面的合作应该包括在第28届联合国气候变化大会及其他国际活动、会议和论坛上商定并重申各国共同做出的及各国单独做出的承诺,以实现并强化减排目标。理想情况下,发达国家应该承诺在 2045 年而不是 2050 年实现净零排放。各国应自愿共同建立更有力的国际监督机制,对是否真正履行承诺进行透明的评估。

  发达国家和中国应该展开合作,为低收入国家投资大规模清洁技术提供财政支持。中国的"一带一路"倡议和新多边开发银行应该共同努力提供所需的资金支持。此外,合作的内容还应包括新技术、投资和理念在世界各地的持续流动。由于许多发达国家特别是美国,越来越重视发展更多元化的供应链并提高国内产量,这会使流动性受到威胁。中国的太阳能光伏公司、风力涡轮机公司、电池和电动汽车公司已经在实现零碳经济的技术开发上做出了巨大的贡献。美国、欧洲各国和印度想要在本国建立电池工厂、太阳能光伏工厂和电解厂,却坚持这些工厂必须完全由本国公司建造——即便中国公司拥有技术和能力,可以通过合资经营等方式,更快、更低成本地建造这些工厂,并快速提供这些国家希望看到的就业机会增多和产量提升。实际上,去风险和脱钩之间存在着很大的差异,我们应该共同努力,确保去风险成为现实,避免完全脱钩。

  我们生活在一个地缘政治局势紧张和分歧日益加剧的世界,我们无法完全让这些分歧消失,但是我们需要找到办法,在气候变化问题以及技术发展和部署方面保持合作,从而推动我们实现零碳经济。这是一个全球性的问题,只有各方齐心协力才能解决。

全球航空业的可持续发展与伙伴关系合作

国际民用航空组织秘书长
胡安·卡洛斯·萨拉萨尔（Juan Carlos Salazar）

在过去的 10 年里，航空业吸取了一些教训。失去空中联系、丢失货物和人员自由流动受阻等一系列事件都在提醒航空业：扩展全球飞行网络对于解决全球发展不平衡问题至关重要。与此同时，气候危机也正在发生。这意味着航空业肩负着双重任务，不仅要确保全球航空运输网络恢复，还要确保其恢复的可持续性。

在国际民用航空组织（ICAO）及其成员、重要的民航合作伙伴和社会公众的引领作用下，航空部门已经坚定了承诺采取气候行动的决心，为其他行业树立了榜样。2022 年 10 月，国际民用航空组织成员集体达成到 2050 年国际航空实现净零排放的目标。为支持这一历史性的决定，2022 年国际民用航空组织长期理想气候目标报告提出了衡量透明度的技术指标，这是一个里程碑式的进步。这些指标能够评估国际航空领域减少二氧化碳排放的时机、准备情况、可实现性和成本。减排途径包括加速采用创新的飞机技术、实施高效的飞行操作、增加生产和使用更清洁的航空能源。预计到 2050 年，可持续航空燃料、低碳航空燃料和其他更清洁的航空能源将对二氧化碳减排产生更大贡献。不过，虽然开发和部署清洁燃料的倡议在增加，但当前这些清洁燃料的生产水平仍然非常低。如何让这些领域获得所需资金、扩大生产，仍然是巨大的挑战。

为了应对这些问题，国际民用航空组织正在推进国际伙伴关系和合作，积极与成员方、行业利益相关者、燃料生产商、公共和私人银行等金融机构、投资者建立联系，共同讨论应该采取怎样的行动才能达到这一目标。各国政府也非常理解航空业需要与金融界建立更强的伙伴关系和合作的需求。在此背景下，国际民用航空组织开始探索建立"国际民航组织金融投资中心"，这个中心将能够帮助相关方，尤其是发展中国家，更高效地获得公共和私人投资，以及来自金融机构的资金。

我们设想它可能包含几个方面。首先，它可以成为连接项目与潜在公共和私人投资者的平台。它将提供适应航空业去碳化创新性投资机制所需的信息，能够与开发银行这样的金融机构合作，为合适的项目创造投资渠道，我们也能积累项目资金和融资来源的数据库。

其次，鼓励更多的利益相关者和组织加入国际民用航空组织过往可持续航空燃料能力建设和培训方案项目（ACT-SAF)[①]，提供更多能力建设和培训，以及可持续航空燃料方面的可行性研究。

再次，国际民用航空组织举办的国际民用航空组织第三次航空和代用燃料会议于2023年11月在迪拜举行，会议形成了国际民用航空组织的全球框架，将帮助航空业向更清洁的能源转型。

最后，是碳抵消问题。航空业是首个推出基于全球市场的碳抵消措施的行业。国际民用航空组织国际航空碳抵消和减排计划（CORSIA计划）已在鼓励可持续航空方面发挥了重要作用。截至

[①] ACT-SAF 为各方提供了量身定制的援助、能力建设和培训，同时也达成了可持续航空燃料的可行性研究、政策推动和项目实施。ACT-SAF 已经取得了实质性的成果。截至 2023 年年底，超过 120 个国家和地区、国际组织加入了 ACT-SAF 倡议。

2023 年年底，已有 125 个国际民用航空组织的成员方表达了自愿参与从 2024 年 1 月 1 日起开始实施的 CORSIA 计划的意向。

　　国际民用航空组织全球可持续航空联盟是一个在环保方面最显著的利益相关者参与例子。这一联盟是一个利益相关者论坛，旨在促进新想法发展，加速进一步从源头减少二氧化碳排放的创新解决方案的实施。该联盟的主要目标是通过全球联盟伙伴，包括民用航空组织成员、行业和其他利益相关者之间的紧密协作来促进可持续的国际民航未来。国际民用航空组织自豪地履行着其重要的多边和全球协调角色，无论是在联盟中，还是在今天提到的多个其他倡议中。国际民用航空组织将持续努力，与其利益相关者合作，努力实现国际航空的 2050 年净零排放目标。

可持续、公平和具有韧性的全球粮食系统转型

国际农业发展基金总裁
阿尔瓦罗·拉里奥（Alvaro Lario）

全球正值面临多重危机之际。连续三年，全球饥饿人口数量持续上升。截至2022年，全球有24亿人全年得不到营养、安全和充足的食物。此外，全球还面临着不断升级的冲突、新冠疫情后遗症，以及世界各国财政和家庭预算的压力。世界粮食系统也正处于临界点，最脆弱的人群承受着最沉重的压力，亟须将世界粮食系统转变为一个对无论规模大小的生产者、消费者和环境都有利的、更可持续的系统。

2023年7月，在联合国粮食系统首脑峰会上，众多国家和地区已在推动粮食系统转型方面取得进展。自粮食系统第一次峰会召开以来的两年里，各方都认识到农业和农村发展对于消除饥饿和实现社会稳定至关重要。但未来，仍需要扩大投资、出台政策和推动项目以加快行动。

ESG将成为解决方案的一部分，并将成为实施和促进投资以建立更可量产和公平的粮食系统的关键。估算显示，要在2030年之前实现可持续、公平和具有韧性的全球粮食系统转型，需要每年额外投资3 000亿~4 000亿美元，这不到全球GDP的半个百分点。在过去的两年中，国际农业发展基金（IFAD）加入了ESG债券发

行人的行列，进行两次募资，总额达4亿美元。这些债券将使国际农业发展基金能够投资于全球粮食系统的改善，使其更具可持续性、韧性和收益性。

然而，国际农业发展基金无法独自完成这一任务。全球各方——包括政府、民间和社会组织、多边机构，特别是私人部门——必须齐心协力，才能真正实现全球性的影响。例如，全球一半的食品和农业收入由全球领先的350家食品公司创造，这些公司发挥着巨大的作用，必须将ESG原则融入其经营理念中去，这意味着其要重新考虑如何投资，考虑气候、公共健康和包容性。

国际农业发展基金致力于与ESG投资界、各国政府、罗马的其他粮食机构，以及发展领域的伙伴合作，为所有人实现粮食系统可持续转型而共同努力，塑造一个强大、公平和绿色的粮食系统。

第二章

金融驱动 ESG 与绿色投资

ESG 浪潮之下,各类产业转型离不开金融体系的支持,金融体系更是起到引导资金流向、优化资源配置的作用,驱动全球 ESG 及绿色相关产业投资。

金融系统肩负着发展可持续金融与绿色金融的责任,需要充分发挥金融系统助推全球经济可持续发展的关键作用,支持社会全方位转型与变革。银行业、证券业、基金资管业、私募股权/风险投资(PE/VC)等各行业机构都在其中发挥重要作用。

本章收录了各行业金融机构高管关于金融机构自身运营及开展 ESG 责任投资的实践经验总结,以期为我国乃至全球金融机构的 ESG 战略与治理体系建设、ESG 责任投资开展及将 ESG 纳入融资授信与风险管理提供借鉴。

绿色转型与经济学范式变革

ESG 框架与准则推动企业目标函数变化、风险和资产重新定价、资产负债表变革

中国国际经济交流中心副理事长，国际货币基金组织原副总裁

朱民

ESG 意味着企业的目标函数从追逐利润转向可持续增长。在推进 ESG 时，对企业而言，一件很重要的事情就是企业发展的目标函数会发生变化。通常企业目标是以利润为主，如追逐风险收益，这是企业的微观行为。但在 ESG 特别是"碳中和"的大目标下，企业的目标发生了变化，转向追求风险收益再加上社会生态效益。因为企业要实现可持续发展，要变得绿色，要实现"碳中和"。

这就产生了一个有趣的问题，怎样平衡企业的社会生态效益？怎样扶持企业的社会生态效益？当然可以有评级公司进行外部评估等，现在也已经建立了很多企业评价指标。但很重要的一点是怎样把社会生态效益纳入企业的风险收入函数，并且可进行度量。这是推进 ESG、推进"碳中和"在企业层面上特别重要的事项，既关乎激励机制，又关乎市场行为，还关乎监管准则，这就涉及披露，涉及标准问题。

气候相关财务信息披露工作组（TCFD）等的准则在如何度量 ESG 上做了很好的尝试。当 ESG 在全球兴起时，关于我们如何度量 ESG 这一概念出现了很多相关讨论，并产生了一系列创新。走

在前面的是金融稳定委员会（FSB）的披露准则，即 TCFD 披露框架。自 2015 年成立至今，全球已有几千家企业支持 TCFD，并采用它的准则进行披露，把社会收益、社会生态收益和估值逐渐纳入企业的微观行为。TCFD 披露框架主要包括四点，一是企业治理，要求董事会设置明确的目标、框架及愿景来指导企业行为；二是在企业战略中要明确对 ESG 进行披露，披露企业面临的气候变化风险，面临的可持续发展风险及机遇；三是要对已经分析的情况做出具体的风险管理，把它纳入企业的风险管理体系，要能够在日常的风险管理中体验、反映可持续发展原则；四是把指标目标化，提出企业明确的指标，指出企业为实现目标应该怎么做。

企业利润和 ESG 不再是两件事。通常很多企业在追求利润的时候是市场行为，同时会做很多与 ESG 有关的事情，但是往往没有把这两件事情串联在一起。所以现在企业在推进 ESG、推进"碳中和"的时候，很重要的是要把两件事连在一起，而按照 TCFD 的准则进行披露则是一个很好的尝试。

ESG 框架之下企业风险将被重新估值，资产将被重新定价。中国目前有 20 多家金融机构支持和参加了 TCFD，并按照 TCFD 的准则进行披露，但在披露的层次、程度等方面存在很大区别。这时有一件关键的事情，即国际会计准则委员会采取行动了。正如大家所知道的，所有上市公司通常都是按照本国的会计准则编制财务报表，而在国际上则要按照国际会计准则。我在中国银行任职的时候，曾做过中国银行的首席财务官（CFO），因为涉及美国市场，还需要按照一般公认会计原则（GAAP）进行披露，这是一套国际会计准则，按照这一准则编制的报表具有国际通用性和透明度，是关于企业经营情况、利润、现金流等财务信息披露的规范框架。

2021 年，国际会计准则委员会成立小组，又称"名人小组"，我也是其中一员。我们的任务就是在国际会计准则委员会现有的国际会计准则董事会的基础上并行地成立可持续会计准则委员会。这就很有意思，国际会计准则委员会在自我革命，它意识到随着ESG的发展，全球走向"碳中和"，会计准则必须随之改变。

随着"碳中和"的进程，特别是全球碳交易市场的发展，碳价越来越显性化，风险会被重新评估，资产会被重新估值和定价。高碳资产的企业会变成中等资产企业，如很多研究表明，钢铁等高碳企业会发生10%~20%不等的估值下降，金融机构对这些企业的贷款就需要加强拨备。这将逐渐改变此类企业的估值，也将改变它们的现金流。国际会计准则委员会意识到这将变成未来发展的趋势。特别是在格拉斯哥会议上，各方越来越倾向建立全球统一的碳交易市场，将碳价显性化。碳价显性化给了市场一个新的价格机制，这个价格机制应该反映在财务报表上，就需要有新的规则，而这个规则就是可持续会计准则。

在此背景下，经过18个月的激烈讨论，这个理事会很快成立了，而且迅速投入了运行，并于2023年6月出台了国际可持续准则理事会（ISSB）的准则终稿，即《国际财务报告可持续披露准则第1号——可持续相关财务信息披露一般要求》（IFRS S1）和《国际财务报告可持续披露准则第2号——气候相关披露》（IFRS S2）。这一行动非常快，也很直观。因为全球走向"碳中和"、走向绿色、走向可持续的趋势越来越明显，浪潮越来越大。所以，会计准则必须走在前面。

可持续会计准则的推出将带来企业资产负债表的巨大变革。这一变革先从大的原则开始，然后逐渐向不同的产业、不同的产业链、不同的估值变化，从企业本身的环节一直到整个产业的层级将越来越详细、越来越丰富。ISSB的准则推出后，在世界各地引发了很多的讨论，有些地区和机构已经开始采取行动。香港的联交所准备于2025年开始要求上市公司采用可持续会计准则进行披露，这是巨大的变革。因为按照可持续会计准则编制的报表，不完全对应传统的国际会计准则所编制的报表，企业的现金流、资产、资产负债表、利润的计量都会相应发生变化，核心就是基于碳价产生的整个估值的变化，然后通过系统的会计准则，重新赋予企业新的可持续估值。未来资本市场投资者或投资人，将越来越倾向依据可持续会计准则来判断企业的经营健康、收益情况等，这就将企业微观的风险收益和社会生态估值影响两块结合了起来。

若一家绿色企业的社会生态估值是增加的，那么企业的风险收益就会上升，企业的估值也会上升。若一家高碳企业，转型并不明确，没有规划、没有目标，那么它的估值就会下降。这是一个巨大的变革，因为企业的整个资产负债表开始变化。

在过去几年中，在可持续会计准则的推动上，全球有各种各样的共识与披露标准。包括TCFD的准则，银行业的披露准则，面向投资行业的一系列投资绿色标准，等等。但此次ISSB的准则则是在国际会计准则这一最高层面推出了国际可持续会计准则，这是一个根本性的变化。这个变化会对企业的目标、企业的行为产生重大的影响，同时提供激励机制，推动企业往可持续的方向走，往绿色的方向走。

在理论上，这一小组任务完成了就要解散，但现在还将继续维持，不断支持理事会倾听各方面的意见，进行改善、提升。在这个过程中，我深深体会到可持续发展、"碳中和"是人类自我颠覆、自我革命的一个重大的范式变革，是从生产函数到消费函数，再到社会价值等的根本变化，当然也会改变企业的生产函数和目标函数。

这个巨大的变化正在变得越来越清晰。巴黎会议上各方还很理想地在谈论气候变化问题，而到了格拉斯哥会议，各方已经明确可持续发展是未来竞争的前沿，而规章制度是前沿之中的制高点。所以，各国都在往前沿走，竞争这个制高点，这些发生得非常之快。

2021年，央行发布《金融机构环境信息披露指南》，与此同时证监会等部门也针对绿色债券、绿色融资等发布了一系列披露要求。无论是在国际还是在国内，中国都会在信息披露上更进一步。我国绿色金融走在全球前列，截至2023年第三季度末，我国绿色贷款余额达28万亿元，居全球第一，境内绿色债券市场余额1.98万亿元，居全球第二。但现在，我们要进一步把绿色的金融行为落实到绿色的规章制度，通过定规则、定制度，继续维持我们绿色金融的制高点。我国2060年要实现"碳中和"，在这个意义上，我国将面临极其巨大的根本性的变革，需要转变产业结构，主要是科技产业结构，包括企业行为、市场行为、金融行为。而这一切都与可持续会计准则有关，它是一个最根本和重要的基石，这一块基石会迅速地、有力地推动可持续发展，利用市场的激励机制和压力，利用监管的力量来推动这件事情往前走。

希望大家在可持续发展中，在"碳中和"发展中，成为绿色发展、零碳发展的成功者，也建议大家关注ISSB发布的新的可持续会计准则，这将起到非常重要的作用。

绿色转型的新供给经济学

中金公司首席经济学家、研究部负责人，中金研究院院长
彭文生

本部分主要聚焦宏观经济与绿色转型。2021 年，中金公司研究部和中金研究院联合撰写了《碳中和经济学：新约束下的宏观与行业分析》报告，并出版《碳中和经济学》一书。报告中有一个关键公式，我们要促进碳减排从化石能源转到绿色能源、可再生能源，最关键的概念是所谓的绿色溢价，也就是清洁能源使用成本和化石能源使用成本差别。无论是政府政策、技术进步，还是社会的一些规范、管理、文化的变化，我们要做的就是降低清洁能源的成本，提升化石能源的成本，让绿色溢价转为负。

我们该如何实现这件事情呢？一条路径是通过碳定价、碳税、碳交易市场增加碳排放的成本。碳定价是一个新的概念，为什么需要政府的干预？因为碳排放有负的外部性，企业排放收益是自己的，但损害由整个社会乃至全球承担，所以我们要做的是为碳排放定价，使得排放外部性内部化。但实际上很多人认为，这在短期对经济发展而言是不利的，尤其很多南南国家、新兴市场、发展中国家会提出抗议。因为发达国家先排放了，现在却通过碳排放价格的提升要求其他国家减排，这是否合理公平？

另一条路径就是通过技术进步、科技创新降低清洁能源的成

本。技术进步、科技创新也具有外部性，并且是正外部性。科技创新、科研的投入是企业自己的，但是创新成果、技术进步是整个社会的。这种外部性使整个社会创新进步，但个体投入低于整个社会的理想水平，这就需要政府政策干预、政府补贴或其他制度和政策。

实际上，我们可以把上述两条路线总结为，碳定价是从需求侧降低化石能源的需求，而技术进步是从供给侧降低清洁能源的生产成本和供给成本，这两条路线在全球主要经济体中是有着明显差别的。

欧盟主要是从需求侧发力，通过碳交易市场、碳定价，希望促使化石能源的使用减少。尤其是在2013年，欧盟进一步提升减碳目标，要求它所覆盖ESG碳交易市场的总排放量，到2030年由原来的43%提到62%。而欧盟的碳价是每吨二氧化碳排放80~100欧元，这较中国高出很多。

中国主要是从供给侧发力，光伏、风电甚至电动车、新能源汽车都是典型的例子。过去两年中，一个新的动向就是欧盟和美国在向中国学习，尤其是美国，推出《通胀削减法案》，包括绿色投资，现金、税收的优惠补贴，产品在本地生产的要求。它们在向我们学习，从过去需求侧的碳交易、碳减排，提高化石能源成本，到供给侧清洁能源的生产、技术进步。

中国和欧盟之间的碳价格相比，中国的碳价格是欧盟的1/10都不到。也就是说，在中国通过碳交易市场价格来促使绿色转型的力度是很小的，但是对比中欧新能源装机量，中国则较欧盟高非常之多，并持续大幅上升。所以中国供给侧的产业政策对促进新能源汽车进步、新能源产能的增加非常有效。

过去一段时间，大家关心中国经济的下行压力，但其中也有不少亮点，而最大的亮点就与新能源电动车有关。这中间有一个疑问，我们的绿色溢价是怎么来的，我们的政策有没有使绿色溢价降低。估算中国的光伏、陆上风电平准化度电，平均的电价已经为负，并且负的部分仍在逐步增加。我们通过政策实际上也实现了绿色溢价为负，清洁能源使用价格低于化石能源的目标。

中国从供给侧发力的政策是较为有效的。那还存在什么问题呢？美国和欧洲在向我国学习，但因为新能源和新能源汽车为制造业，制造业涉及国际贸易，实际上就涉及贸易保护主义问题。因此，美国《通胀削减法案》推出以后，欧盟产生了很大的意见，认为美国的补贴意味着未来全球绿色转型在向供给侧方向更多地发力，向中国的产业政策学习。这就带来一个新的问题，即贸易保护主义或基于地缘政治的这种所谓国家安全对能源供应的韧性、稳定性来说，会导致未来的冲突增加。由此一些人担心，中国新能源产能已经很高了，如果把现在的产能和正在建的产能加在一起，未来会不会面临产能过剩问题？因为美国也在建自己的产能，欧洲也在建自己的产能，我们该如何看这个问题呢？

这里我们要回到经济学基本概念，叫作"规模经济"。制造业的重要特征是规模越大，单位成本越低，所以过去十几年中国在新能源、新能源汽车上取得的成就不仅仅是产业政策扶持，还来自中国大规模的市场、庞大的制造业体系。这些使得在现有技术条件下，几乎所有东西在中国生产都会比在其他国家便宜。这并不是因为中国的劳动力是最便宜的，相反中国的劳动力成本已经比许多国家都高了，而是因为规模经济，这就包括新能源基础设施。

银行业助力社会可持续
转型与变革

金融业肩负绿色金融责任，支持社会全方位转型与变革

交通银行行长

刘珺

ESG需要更多的外部力量共同行动，作为一个乐观主义者，我认为未来会比今天更好。

我们今天所看到的"绿天鹅事件"比以往更多，人类必须降低经济增长的负外部性，否则将付出无法承受的代价。我们需要更紧急地采取行动，做出正确的平衡，走向绿色发展之路。尤其是在以下六方面。

第一，平衡全球可持续发展和地缘政治博弈之间的关系。发达国家和发展中国家之间的分歧，在内容上和时间进度上均呈现扩大的趋势，而对发展中国家的技术和资金支持更是横亘在共同目标之前的巨大拦路石。

第二，平衡脱碳与生存权和发展权之间的关系。对最不发达的国家来说，脱离实际的脱碳可能会威胁其生存权和发展权，否定后者的权利来实现全球目标显然不切实际。

第三，平衡新能源和传统能源之间的关系。在俄乌冲突之后，许多欧洲国家重新启动煤炭和核电厂或者推迟了其关闭计划，它再次提醒欧盟，能源安全不能简单地依赖于可再生资源"一转了之"，

至少现在不能。迅速地、大规模地替代传统能源，现阶段是一个看似不可能完成的任务。二者不是简单的替代关系，而是结构化和技术迭代。

第四，平衡成熟、新兴和未来技术之间的关系。技术发展有"代"的概念，来自前几代的反馈与积累提高了后代继续推动创新技术成功的可能性，这与凯文·凯利提到的"进托邦"（protopia = progress + topia）[①] 概念不谋而合，绿色技术的演进是个连续集。

第五，平衡环境因素与非环境因素之间的关系。我们需要兼顾经济利益和社会利益，国家优先事项与全球发展议题等一系列非环境性因素。

第六，平衡代际成本与收益之间的关系。绿色转型的成本在不同代际之间的分布是不平衡的，我们在发展经济的同时，应该时刻谨记，子孙后代同样平等享受我们现在所享受的甚至更好的生存权和发展权。

技术进步可能是寻求上述平衡的关键。首先，在方向共识和理念认同的前提下，科技革命是绿色转型的核心，"碳达峰"一定程度上代表化石能源的"见顶"，"碳中和"则是清洁能源对化石能源的"稀释"和替代，最终形成适合人类生存和发展的新的能源组合。当我们回顾过去，技术在每次能源革命中都扮演着重要角色，就像第一次工业革命中的蒸汽机和第二次工业革命中的电力一样。但这次不同的是，我们的时间较为紧迫，必须快速行动。

其次，要达到净零排放，超低排放的减碳和脱碳要双管齐下。像钢铁这类行业，实现零排放非常具有挑战性。对发展中国家来说，罔顾实际而淘汰煤炭产能也会遇到重大的现实阻力。利用碳捕获利用与封存等技术，是低排放和负排放的相互叠加和共同发力。

[①] 有关"进托邦"的解释详见本书 229 页。——编者注

事实上，目前只有约 1/3 的负碳技术准备就绪，而碳补偿的真正作用极易被夸大而成为实际上的"漂绿"。要实现 1.5℃的控温目标，更多负排放技术的应用至关重要。

最后，绿色转型是关于转型的全方位革命，不仅仅关于技术。所有重大技术变革都会伴随经济、政治和社会的变革。中国的电动汽车渗透率已经达到30%，电池的突破也近在眼前，许多有利于电动汽车的政策、供应链的建设都在推出与展开，中国电动汽车的成功就是市场主体集体智慧的成果。类似做法在全球的推广会积极推动加速全球减碳进程。

金融业有义务承担发展绿色金融的责任，应立足金融，参与并助力社会全方位的转型与变革。绿色金融应该延展到狭义金融的边界之外。系统重要性金融机构已经有了一系列的 ESG 工具和策略，推动把 ESG 融合到金融流动的全过程中。目前我国已经把转型金融还有气候投资纳入绿色议题。加强对绿色技术的金融服务是金融机构不可推卸的责任，应跨空和跨时为绿色发展和绿色经济高效配置金融资源，倾斜必要的资源支持绿色科技初创企业发展，真正把绿色金融融入绿色发展。

发挥金融系统助推全球经济可持续发展的关键作用

汇丰银行（中国）有限公司副董事长、行长兼行政总裁

王云峰

在实现全球经济可持续发展的道路上，金融系统发挥着关键的作用。首先，通过向各行各业、不同规模的企业协调融资和提供资金，金融机构能够帮助行业整体对商业模式进行更新和升级。其次，金融机构可以提供融资渠道、风险转移等方案以及其他创新产品，帮助企业更好地应对各类环境和社会挑战。

此外，金融机构与政府及非政府机构的合作也有助于更有效地引导和利用资金。近年来，国内 ESG 发展得非常快，特别是在金融领域，从政策到实践的不同层面，都在不断创新。本部分也将从金融机构如何引导净零转型的角度，基于汇丰自身的实践经验，分享我们的探索。

首先是制订以科学为导向的转型计划，银行需要制订自身的净零排放计划，最重要的一点是将银行的投融资排放量，也就是银行提供资金支持的客户和项目所产生的排放总量逐步过渡到净零，这就要求银行客户和项目开始深度脱碳，从而能够在实体经济层面实现发展路径的转变。因此，汇丰银行实现净零战略的核心就是与客户深入地接触，并深刻理解能够驱动客户发展净零转型的因素。

在我们看来有以下三方面特别值得关注。

第一，银行可以在行业制订和披露可信的转型计划方面，发挥主导作用。这包括倡导提高信息披露质量、产品创新，以及与政府合作，以确保实体经济脱碳取得实质性进展。

第二，银行之间需要相互分享交流每个业务环节的最佳实践。银行之间的合作交流及行业联盟的协调可以将地区差异纳入气候相关的指导和建议，例如不同情景的气候政策、变化差异等承诺。

第三，银行和监管机构可以通过支持制定转型金融的国际标准，来监督为减排活动所提供的融资活动。特别是石油和天然气等棕色行业，要尽力确保在可持续金融标签中明确追踪各转型金融业务下的企业转型绩效。

除了标准，汇丰也关注可持续金融的资金流向，推动新兴市场缩小转型中的资金缺口。新兴市场所产生的温室气体排放大概占全球温室气体排放总量的一半，但只吸引了很小一部分气候相关投资。以我们的观察和实践来看，混合融资可以解决新兴市场气候投资不足的问题。在一些新兴市场中，汇丰正在通过与相关伙伴及平台合作，将开发性金融战略性地运用于可持续发展项目融资，通过混合融资的模式引入政府和公共部门的承诺、规划、补贴等支持，以克服技术和特定市场的限制，更好地动员社会资金流向气候融资领域。

汇丰在全球层面推动的一项聚焦新兴市场的行动叫作"Fast-Infra"。这一行动旨在以金融加速可持续转型基础设施的建设，通过推动新标签体系的制定，加强此类基础设施项目规划；通过构建金融生态体系，弥补万亿美元的可持续基础设施投资缺口。这一行动是汇丰银行与经济合作与发展组织、国际金融公司（IFC）等多方合作的结果，我们希望形成全球通用的标签制度，让开发商、运营商可以展示基础设施资产的积极ESG影响，从而吸引专注可持续发展领域的投资者。这一标签的设立，也是为了协调市场现有的相对复杂、分散的标准框架和分类,真正推动可持续基础设施成为一种主流的流动资产类别。

另一项我们正在积极探索的解决方案是为推广气候技术提供融资。政府、监管机构、银行和其他投资者正在积极推广和部署现成可推广的气候技术,而在尚未实现商业应用的技术方面,也可发挥非常重要的作用。过去几年,我们与不同利益相关方积极开展工作,提供催化性资金,助力气候技术的推广与应用。例如承诺向比尔·盖茨支持的突破能源基金(The Breakthrough Energy Ventures Fund)投入1亿美元,并为气候技术公司提供债券和股权融资平台,支持气候技术解决方案的开发,发掘新公司在全球竞争中的优势点。

此外,2020年汇丰银行承诺捐赠1亿美元,携手全球合作伙伴共同组建为期五年的公益旗舰项目。这一项目聚焦于通常不被其他机构所覆盖的解决方案,帮助它们实现商业化,并产生现实影响。其中,1亿元人民币将于2021—2025年,用于中国市场。过去几年,汇丰银行在中国的项目推进成果已足以证明公益项目也可以成为加速气候转型的有效手段。

星展银行的 ESG 理念与实践

星展集团首席执行官
高博德

我们正处于人类历史上最具挑战性的时期，甚至可能是最危险的时期。这些挑战来自方方面面，包括地缘政治和第二次世界大战后建立的国际秩序的瓦解所带来的挑战，以人工智能（AI）为代表的技术可能对我们生活和生产方式产生的影响，但最重要的挑战或许是我们的星球和人类面临的挑战。我们所熟知的世界正在改变，气候变化影响是真真切切的，2023 年极端热浪、台风和洪水频繁发生，物种减少给生物多样性带来威胁。气候变化和生物多样性丧失带来的挑战对亚洲地区的影响可能比世界上大多数地区都要大，亚洲的气温上升速度是其他地区的两倍，也是生物多样性丧失最严重的地区。为了我们的未来和子孙后代，每一位亚洲人都有责任正视这一挑战。

还有关于人类的挑战。在过去几十年中，社会不公、贫富差距一直是巨大且日益严重的问题，在全球金融危机尤其是新冠疫情暴发后，这一问题愈加突出。20% 的世界底层人口越来越贫困，共同富裕必须成为一项全球性议程。考虑到面临的这一系列挑战，我们每个人都必须成为解决方案的一部分，而 ESG 就是解决这一问题的驱动力与行动路径。

星展银行是一家目标驱动型公司，在过去几年中已经围绕可持续性和 ESG 制定总体规划。规划包括三大核心：第一个核心是开展负责任银行业务，进行负责任融资；第二个核心是进行负责任商业实践；第三个核心是注重将 ESG 影响力推动到银行业之外。

　　第一个核心即负责任银行业务，星展银行主要专注于两件事。一是确保资本能够被合理使用，以助推世界从高碳密集型商业模式向低碳密集型商业模式转型。为实现这一目标，星展银行是世界上最早加入"净零银行业联盟"的全球 100 强银行之一，并承诺到 2050 年实现投资组合净零排放。在实践上，星展银行已开始协助亚洲的企业客户和多个行业部门进行转型融资，携手帮助它们转变商业模式。这种变化不可能是从零到一的变化，在一夜之间就实现，而是循序渐进的。因此，必须采取正确的措施，确保资本流向合适的行业和部门，而不会造成所谓的不公平转型和不必要的困难。二是金融包容性，星展银行以拥抱数字技术著称，这些技术极大降低了对过往被排斥在金融体系之外的人的服务成本，使我们能够接触到金字塔底部的人，以过去不可能的方式将其带入银行系统。星展银行正在向印度尼西亚和印度等国家的社会底层人口提供信贷，并与新加坡等国的移民劳工合作，将他们纳入正规银行网络。

　　第二个核心围绕负责任商业实践展开，这涉及星展银行自身的业务与经营。2022 年我们在自己的业务中实现了净零排放，2023 年我们发表了关于多样性、公平性和包容性的政策声明。我们将继续积极致力于为员工营造良好的环境，帮助员工不断进步、成长。以正确的方式开展业务是星展银行运营方式的基础。

　　第三个核心涉及银行业以外的影响力。我们坚信，每家公司除了从监管机构获得许可证，还必须获得社会各界的认可。为此，我们从两大广泛的领域着手。第一个领域是在社会企业领域积极运作的星展银行基金会。我们不断增加对那些有双重底线的公司的帮助，以继续改善它们的业务活动，为它们提供资金和咨询。同时，我们开辟了第二个领域，即我们的社区银行工作。换言之，我们能够对整个社区释放影响力，包括金融知识和全面教育等领域，以及努力为弱势群体创造粮食弹性和粮食安全等领域。

长期以来，星展银行在 ESG 领域与中国人民银行建立了非常紧密的合作关系。2023 年年初，星展银行成为东南亚第一家被中国人民银行选中参与碳减排计划的银行，加大对低碳活动的直接融资。为了深入在中国的合作和交流，我们很荣幸成为由中国人民银行和新加坡金融管理局资助的中新绿色金融工作组的一员。该工作组旨在深化中国和新加坡间的合作，促进建立更广泛的公私伙伴关系，确保经济转型升级。作为一家目标驱动型的银行，星展银行已经做出了很大胆的承诺，并将进一步贡献自己的能力，朝着 ESG 方向迈出有意义的步伐。

银行理财机构的 ESG 投资实践

华夏理财有限责任公司董事长

苑志宏

作为国内第一家加入联合国负责任投资原则组织（UN PRI）的银行理财机构，华夏理财积极贯彻 ESG 投资理念，以绿色投资推动绿色发展。本部分将结合华夏理财 ESG 投资业务发展特色，分享银行理财 ESG 投资如何助力经济社会高质量发展。

银行理财 ESG 投资蓬勃发展

第一，银行理财 ESG 投资践行了新发展理念。"创新、协调、绿色、开放、共享"的新发展理念涵盖了 ESG 理念的范畴和内涵，是 ESG 理念在经济社会发展进程中的扩大和升华。党的二十大报告指出，贯彻新发展理念是新时代中国发展壮大的必由之路，银行理财 ESG 投资契合经济社会发展的需求和方向，有助于推动经济社会的高质量发展。

第二，银行理财 ESG 投资发展迅猛。银行理财 ESG 投资从 2019 年起步，首年 ESG 主题银行理财产品规模即突破 100 亿元，截至 2023 年 6 月末，ESG 主题银行理财产品规模近 1 600 亿元，较年初增长 22%。在同期银行理财整体规模下降 8.4% 的背景下，银行理财 ESG 投资依然保持了强劲的增长势头。

第三，银行理财 ESG 投资潜力巨大。当前，我国 ESG 主题银行理财产品占整体规模的比重仍不足 1%，而目前全球 ESG 投资渗透率约 36%。未来，随着银行理财 ESG 投资渗透率提升，中期我国银行理财 ESG 主题银行理财产品规模有望突破万亿元，长期有望达到十万亿元量级。

ESG 投资高效赋能银行理财

第一，ESG 投资赋能银行理财行稳致远。ESG 投资将非财务信息系统性纳入投资考量，能够有效辨识、预防和规避企业的潜在风险，有效降低投资的风险承担水平。开展 ESG 投资，是银行理财对原有风险管理工具的补充和完善，实现了银行理财风险管理能力的进一步提升，有助于进一步降低银行理财投资的风险水平。

第二，ESG 投资赋能银行理财收益提升。ESG 投资策略是一项被实践证明能够有效提升投资收益水平的投资策略。在较长的市场运行阶段，ESG 投资策略取得了较好的市场表现，特别是在市场出现明显波动的时期，ESG 投资策略表现更为稳健，提高了银行理财的收益水平。

第三，ESG 投资赋能银行理财普惠增强。ESG 投资较传统投资最大的提升是其不仅追求投资带来的经济效益，还注重投资带来的环境、社会和可持续发展效益，实现了多元利益的最优融合。银行理财开展 ESG 投资，满足了客户在 ESG 领域的配置需求，能够更加有效吸纳"跨境理财通"项下的港澳客户和越来越多关注 ESG 理念的国内客户，有利于增强银行理财的普惠性。

银行理财 ESG 投资前景广阔

我国经济社会发展绿色转型步伐加快并取得实质性成效，银行理财 ESG 投资作为社会财富高效转换为社会资本的重要载体，顺应、推动并引领经济社会高质量发展是本质要求，也是大势所趋。

第一，银行ESG投资将从政策推动迈入市场驱动。过去银行理财ESG投资起步于政策推动，是一场自上而下的政策推动行为。长期以来，传统经济学理论对ESG投资的商业可行性持保留态度，认为企业ESG表现与财务状况之间呈现负相关或无关的关系，ESG投资需要政策支持，才能获得市场平均的回报水平。未来，随着经济社会绿色发展制度体系的建立完善，企业经营生产行为的外部影响内部化，ESG投资策略的商业可行性将显著提升，银行理财ESG投资有望从当前的政策外生推动转向未来的市场机制内生驱动，将迸发出更强的发展生机和活力。

第二，银行理财ESG投资将加速社会再生产循环。在社会再生产链条中，"资金—资本"是金融机构发挥投融资职能的重要领域，ESG投资降低资金风险水平，提高资本回报水平，实现资金收益要求和资本回报水平更好匹配，促进了社会再生产的顺畅运转。进一步地，银行理财ESG投资将金融资源配置到符合经济社会长期发展趋势的行业，使社会再生产循环顺畅，很好地践行了金融服务实体经济的初心使命。

作为国内第一家加入UN PRI的银行理财机构，华夏理财是业内唯一一家设置专门部门、配置雄厚资源推动ESG业务发展的银行理财子公司。华夏理财推出了国内第一只ESG债券策略指数，发行了国内第一只ESG理财产品。2023年，华夏理财又率先将ESG理念延伸至相对收益指数类理财产品、私募债权产品和私募股权产品，成为业内第一家实现ESG理念与理财业务全融合的银行理财子公司。当前，华夏理财正在将ESG发展的基础进一步夯实，对公司经营活动的碳排放和持仓资产的碳排放进行了全面排查，还发布了国内资管行业首份经权威三方鉴证的ESG年度信息披露报告。

看似寻常最奇崛，成如容易却艰辛！在经济社会发展方式绿色转型的伟大进程中，在实现"双碳"目标的壮阔征途上，华夏理财将躬身入局，始终践行 ESG 理念，与广大同行一道，共同谱写绿色发展新华章。

证券业在 ESG 投资中的作用与实践

证券公司在 ESG 生态中的角色和作用

招商证券执行董事、总裁
吴宗敏

ESG 在新形势下具有广阔的发展空间

ESG 理念高度契合我国构建新发展格局的要求。习近平总书记提出，人类命运共同体重要理念的核心要义是建设持久和平、普遍安全、共同繁荣、开放包容、清洁美丽的世界。党的二十大强调，促进人与自然和谐共生是中国式现代化的中国特色之一，并围绕实体经济、区域发展和科技创新、绿色转型、"双碳"等提出了一系列重要阐述。可以说，ESG 追求企业与环境、社会和谐共生的理念，与我国加快构建新发展格局的要求高度契合。

ESG 理念有助于推动现代化产业体系的升级。随着科技进步和消费升级，我国产业结构正向全球产业链的高端延伸，逐步实现产业基础高级化、产业链现代化。这就要求企业不断创新产品和服务，提高质量效率，满足消费者多样化、个性化、绿色化的需求。同时，也要求企业加强风险管理和合规性，避免因环境污染、社会冲突、公司丑闻等事件造成经营危机或者声誉损失。

ESG 理念在投资领域的实践已经成为全球趋势。目前，ESG 因素已被众多国际投资机构作为重要的投资依据。国内方面，截至

2023年7月底，已发行480余只ESG公募基金，规模合计约5 900亿元，虽然有了跨越式增长，但是仍仅占全部公募基金数量和规模的约4.4%和2.2%，相较海外仍存在较大的上升空间。

同时，近年来国内ESG信息披露相关政策不断出台，企业ESG信息质量不断提高，ESG整体投资环境持续改善，也为国内ESG投资的发展奠定了坚实的基础。

ESG在多个领域具有持久的投资机遇

整合ESG维度、追求长期价值增长的投资理念，在当前证券市场投资中的重要性已逐步提升，投资ESG表现优异的企业更有望实现长期价值。

在ESG领域我们认为以下领域将具备持久的投资机遇。

一是ESG与中国特色估值体系。近来，"中国特色估值体系"这一主题受到市场高度关注，并有望成为市场中长期的投资主线之一。重塑中国特色估值体系的关键在于提升上市公司质量，ESG可从中发挥助推器作用。一方面，ESG突破了基于企业三张财务报表的传统估值体系，从环境、社会、治理等多维度全面揭示公司可持续的内在价值，反映企业的长期风险与收益特征，有利于推动上市公司的公司治理能力、竞争能力、创新能力、抗风险能力和回报能力的提升，实现高质量发展。另一方面，ESG高度契合中国式现代化建设的要求，其倡导理性的长期投资文化，助推高质量资本供给，为中国特色估值体系建设提供更强的动力。央国企关系我国经济命脉，相关上市公司估值修复是构建中国特色估值体系的核心内容之一，随着新一轮国企改革蓝图逐步铺开，围绕国企提质增效、专业资源优化整合等方面将会涌现新的投资机会。

二是ESG与气候变化。近年来全球极端天气事件不断，洪水、山火等严重的自然灾害频发，作为ESG重要议题之一，气候相关的问题正受到越来越多关注。2020年9月，我国正式宣布"双碳"目标，体现了为应对全球气候变化做出更大贡献的雄心。随着相关政策逐步落地，新能源开发与利用、工业与交通智能化改造、农业绿色低碳转型、再生资源回收利用等领域将迎来更广阔的发展空间。

三是ESG与人口老龄化。近年来人口老龄化已逐渐成为中国未来面临的挑战，与老龄化相关的产业正在快速发展。养老产业要满足超过两亿65岁以上人口的市场需求，必须具备环境生态友好、社会网络支撑齐全和机构治理完善等ESG属性，是潜力较大的ESG新兴领域，生物医药、医疗器械、养老服务与社会建设等行业将有望蓬勃发展。同时，在应对伴随老龄化而来的劳动力资源下降问题方面，AI等技术将迎来重要机遇。此外，养老金保值增值也是应对人口老龄化问题的重要一环，其公共属性、长期属性和避险属性决定了养老投资是ESG的重要载体，能够与ESG实现深度融合。

四是ESG与"一带一路"倡议。经过10余年的发展，"一带一路"已成为构建人类命运共同体，畅通国内国际双循环的强力支撑。10余年来，我国与"一带一路"国家货物贸易年均增长8.6%，双向投资累计超过2 700亿美元。高标准、可持续、惠民生是"一带一路"高质量发展的具体目标，ESG理念与之高度契合。未来，我国有望依托"一带一路"及中国式现代化建设，在沿线国家和地区打造产业环流及资金环流。代表中国式现代化成果的出口链条，推动制造业转型升级的产业升级链条，进行沿线基础设施建设的基建链条，将具有持续的投资价值。

证券行业在ESG领域大有可为

证券行业是资本市场的中枢，也是ESG生态圈的一员，在ESG领域能够发挥多方面的重要作用。

一是发挥融资服务能力。通过股权融资、并购重组等方式为符合国家战略和 ESG 理念的企业提供融资支持，鼓励其投资于可持续发展项目，推进产业升级与环境保护的双赢。

二是发挥投资管理能力。将 ESG 因素纳入投资决策范围，帮助投资者了解和选择符合 ESG 标准的投资对象和产品，引导社会资金支持高质量可持续发展。

三是发挥专业研究能力。推动中国特色 ESG 评价体系构建，不断开发契合国情的 ESG 金融工具与投资策略，引领绿色金融领域的国际发展潮流，在全球可持续发展过程中，树立中国证券行业的专业形象和地位。

招商证券的价值理念与 ESG 也高度契合。2022 年，招商证券完成了 34 个绿色投行项目，发行总规模达到 1 205 亿元，为企业提供基金资金支持，将金融活水注入绿色产业。在 ESG 研究方面，招商证券的研究成果涉及上市公司质量评价体系、ESG 量化投资策略等多个领域，受到市场广泛关注。未来我们将在 ESG 相关投融资领域上做更多的设计与尝试，为全社会 ESG 相关金融实践做出更多贡献。

可持续投资的理念和观点

东方证券董事长

金文忠

可持续投资在全球范围内兴起以来，经历了全球宏观经济逆风、各地金融监管机构反ESG"漂绿"政策的考验，正在进入更加稳健、高质量的发展阶段。据晨星统计数据，截至2022年年末，全球可持续基金总资产规模达2.744万亿美元，其中，占比第一的是欧洲市场，占到总规模的81%，占比第二的是美国市场，约占13%。中国可持续投资市场起步较晚，但正在经历快速发展的阶段。《中国责任投资年度报告2022》统计数据显示，截至2022年年底，中国境内市场ESG相关公募基金数量已跃升至606只，累计资产管理规模近5 000亿元，保持高速增长态势。

在此背景下，中国金融机构如何解读及把握ESG领域的投资机遇，不仅是行动上投资策略的选择，更是金融机构对企业、对社会发展价值理念的直接体现。下面我将从自身视角探讨关于可持续投资的观点。

可持续投资将重塑资本市场价值发现与资源配置的逻辑。ESG领域可持续投资所带来的理念、工具和评价标准，可以为金融机构带来新的视角与启发，同时也带来新的投资机遇。

首先，在价值发现方面，可持续投资提供了新的价值驱动的转变，主要包括以下两个方面。

一是从当期价值到长期价值的驱动转化。可持续投资作为一种新兴的投资方法，在建立股票投资组合时，除了通常考虑的预期盈利能力和股票价格多样化，还对公司的 ESG 表现进行评估，被视为改变企业行为、降低管理风险和实现企业长期价值最大化的一种手段。作为一种投资方法，可持续投资与传统投资方法也有着较大的互补性，它不仅关注经济回报，还关注环境、社会和治理因素，这些非财务指标往往代表了企业未来的盈利方向和企业战略，展现了企业在更长的时间周期内持续经营、价值创造的能力，对于长期投资者，更值得重视。

二是从财务价值到综合价值的驱动转化。面对全球可持续发展进程中的诸多挑战，我们需要更全面的投资方法和价值评价体系，在财务回报之外，对企业整体的价值创造情况进行评价。基于 ESG 信息的投资决策，旨在参与高附加值的投资，不仅追求更好的投资表现，还关注被投主体在 ESG 及可持续发展方面的实践和成果的改善。随着可持续投资的发展，ESG 观点和可持续发展目标等信息对公司和投资者的决策越来越重要，也由此带动了对与环境、社会和治理相关的信息披露关注度日益提高。近年来，企业 ESG 报告的发布率、信息披露质量在逐步提高，这也为投资者开展投资标的综合价值评价提供了重要基础。可持续投资所提供的更为全面的视野，可用于充分评价企业在经济、社会、环境领域所创造的综合价值，在实现财务回报的同时，为社会及环境领域带来积极改善，助力可持续发展目标的推进。

其次，在资源配置方面，可持续投资为金融机构引导资本流向提供了行动指引。

我们生活在一个日益复杂的世界中，在气候变化、生物多样性等方面面临着诸多挑战。而投资活动作为经济活动的重要部分，其影响远不仅在经济领域，也会对我们的环境和社会的可持续发展产生深远的影响。金融机构需要脚踏实地践行可持续投资，以追求经济、环境、社会的全面发展。

无论是全球范围内可持续发展目标的落实，还是我国高质量发展理念的落实，都离不开可持续投资的支持。党的二十大报告指出，实现高质量发展更加注重发展的质量和效益，而非仅仅关注发展的速度，这就强调了经济的结构优化、效率提升、创新驱动、环境友好、社会公平和生活质量的提高。与之匹配的投资就是可持续投资，是促进创新、协调、绿色、开放、共享发展的投资，不仅要解决发展的动力不足，还需要更多地投资新技术、新模式。可持续投资注重投资项目的稳定性、盈利能力、增长潜力、风险控制等多个方面，更全面地考虑投资的影响，旨在实现长期稳定的投资回报，同时也实现社会价值的持续创造。

从价值发现到资源配置，资本市场的投资逻辑正在悄然变化。可持续投资的最终目标在于为全球和中国社会的可持续发展注入金融动力，同时投资者能够获得可观的投资回报。在追求可持续发展的全球共识下，在国家及监管机构倡议、责任投资者推动、利益相关方关注下，可持续投资的价值正在获得更多关注与认同，资源也正在无形中开始了新一轮配置，因此迎来巨大的市场机遇。

东方证券力争以自身的可持续金融实践为中国可持续发展贡献一份力量。一方面，作为资本市场的"看门人"，东方证券不断完善自身ESG风险评价与管理体系，在业务中把好企业上市入口关，做好ESG视角下的价值发现工作，力争挑出好公司；另一方面，东方证券积极践行可持续投资理念，引导资本流向具有良好环境和社会效益的企业和项目，为投资者提供更多可持续投资产品的选择，以此为可持续发展进程提供切实的金融支持。

可持续投资不仅仅是一种投资方法和策略,更是一种价值观,一种对世界的认知和对未来的期待。东方证券期待与更多金融行业同人一起,以可持续投资赋能可持续发展,携手共筑更美好的未来。

我国 ESG 领域的长期投资机会

兴业证券总裁

刘志辉

积极践行"两山"理念，稳妥推进"双碳"目标，将绿色发展内化于社会主义现代化远景目标，是中国作为一个大国，在全球应对气候变化和生态文明建设领域的责任与担当，是站在人类整体及长远利益上共谋全球可持续发展的重要举措。

随着中国经济绿色转型的步伐加快，ESG 作为衡量企业可持续发展提效和长期投资价值的重要维度，越发受到资本市场的重视与投资者的热捧，也为资本市场和证券行业带来了发展的新机遇，本部分将探讨我国 ESG 领域下的长期投资机会。

第一，ESG 理念逐步深入催生了新的投资需求。在我国高质量发展与"双碳"目标指引下，ESG 金融产品体系持续丰富、规模不断扩大，越来越多的投资者将 ESG 因素作为风险和机遇管理方面的重要考量。根据统计，到 2023 年第二季度末，全球可持续的基金产品规模近 2.8 万亿美元，我国 ESG 基金产品数量达到 473 只，基金管理规模已经接近 6 000 亿元。

与此同时，随着近年来全球极端天气事件的加剧以及为应对气候变化、双碳"1＋N"系列政策落实，在 ESG 框架中，气候议题作为 ESG 的核心议题，得到越来越多市场参与者的关注。实体企业积极探索将"双碳"目标与其长期战略相结合，通过提高能效、采用清洁能源、减少废弃物等方式来减少经济活动对气候的影响。金融机构、资产管理人通过创设 ESG 产品以及评估投资组合的碳足迹，帮助投资者理解其投资行为对环境气候的影响，有效引导资金向环境气候友好型标的倾斜，进一步助力"双碳"目标的实现。

因此，积极应对气候变化，将"双碳"目标作为促进 ESG 理念进一步发展应用的助推器，为 ESG 领域带来新的投资机遇。

第二，ESG 作为投资端改革的重要抓手，推动资产的高质量供给。扎实推进投资端改革是落实党中央、国务院决策部署，推进中国特色社会主义市场建设的重要内容之一。近年来 ESG 信息披露越来越受到市场各方的重视，上市公司 ESG 专项报告披露呈加速之势，被称为上市公司的第二张财报。

目前，证监会也正在指导沪深交易所研究起草《上市公司可持续发展披露指引》，企业全面有效信息披露是 ESG 投资得以存在和发展的基石，弥补了财务信息无法充分揭示的企业潜在风险和不确定性因素，减少了信息的不对称。同时，在高效的资本市场运营机制的影响下，上市公司通过不断提升公司的 ESG 治理水平，为其高质量发展提供了内在驱动力，这也为夯实投资端改革打牢了资产基础。尤其是在国内全面注册制的背景下，ESG 信息有助于提高市场效率，完善估值投资模型，协助投资者更好地筛选优质企业，也有利于优化、强化可持续投资的长期产品供给，促进资本市场功能的持续深化，服务实体经济的可持续发展。

第三，ESG 投资有助于引导长期理性的投资文化，助力中国特色估值体系的建设。ESG 不仅从环境、社会责任、公司治理等多维度揭示了公司的内在价值，反映了企业长期风险与收益特征，有利于推动上市公司的治理能力、竞争能力、创新能力、抗风险能力和回报能力提升，实现高质量发展。ESG 也契合了中国式现代化建设蕴含的共同富裕、人与自然和谐共生、创新驱动发展等国家战略要求，ESG 理念与中国特色估值体系息息相关，均基于长期投资视角，强调协调可持续的发展，ESG 投资的逻辑将在构建中国特色估值体系背景下进一步得到强化。

随着 A 股市场逐步走向规范化，相信未来会有更多的 ESG 与中国特色估值体系结合的投资策略、指数工具、金融产品的出现。在这种背景下，证券公司作为绿色金融的重要组织者和供应者，依托多层次的资本市场，发挥专业优势，积极践行 ESG 理念，在推动资本流向低碳领域、以金融赋能实体经济、绿色发展和创新转型方面大有可为。

作为中国证券业协会绿色发展专业委员会的主任委员单位，兴业证券在 ESG 领域进行了以下一系列探索。

第一，积极促进 ESG 投资，做长期主义的践行者。绿色和 ESG 投资是大势所趋，兴业证券的子公司兴全基金早在 2008 年就开始布局 ESG 投资，将绿色、社会责任等理念落地为具体的策略和产品，引导资金合理高效地流向符合 ESG 的实体领域。同时，作为 UN PRI 的签署方，兴全基金积极将 ESG 标准引入投资分析和投资决策框架，持续以专业资管服务积极履行社会责任。经过 10 余年运作，兴业证券已经成为公募基金行业 ESG 投资领域的领军公司之一。2021 年兴业证券发布了集团的"十四五"规划，进一步明确坚持绿色金融发展战略，以战略和承诺彰显兴业证券以资本支持实体经济长期可持续发展的决心。通过推进减排项目的抵消，兴业证券实现了 2022 年集团全年温室气体净零排放，成为行业首家实现"碳中和"的证券金融集团。

第二，持续探索创新 ESG 研究，打造特色名片。兴业证券开展了包括 ESG 信息披露、ESG 评价体系、ESG 投资策略等一系列研究工作，为 ESG 投资绘就蓝本。2020 年兴业证券与中证指数公司联合发布了中证、兴业证券 ESG 盈利 100 指数，在助力中国资本市场践行可持续发展理念，提升可持续投资专业能力方面产生了十分积极的影响。同时，兴业证券建立了内部自主 ESG 评价体系，将 ESG 评价纳入个股研究。我们的子公司兴全基金通过评估企业在联合国可持续发展的关键议题方面做出更有效、更符合场景的可持续目标的投资决策。2023 年我们与联合国开发计划署合作编制、发布了适合中国语境和国际标准工具的《中国"双碳"投资地图》，用以帮助投资者甄别与联合国可持续发展目标一致的投资机会和商业模式，以成果共享的形式为国内外投资者提供"双碳"的研究支持，为推进中国"双碳"目标和可持续发展提供资本助力，携手为建设人与环境和谐共生的现代化贡献力量。

第三，作为资本市场的重要中介机构，发挥引导社会资源向 ESG 领域配置的桥梁作用。作为我国证券行业绿色金融的倡导者和先行者，兴业证券很早就将 ESG 写入公司章程，纳入集团战略体系，不遗余力推进绿色金融业发展，为助力实体经济高质量发展提供金融支持。截至 2023 年 6 月，兴业证券累计完成了绿色投融资服务规模超过 2 000 亿元，2023 年的上半年，兴业证券新增绿色投融资规模达到 873 亿元，同比增长了 78%，再创历史新高。兴业证券还形成了一批具有代表性的绿色金融经典案例，比如在服务华锐集团首次公开募股（IPO）的过程中，以提升 ESG 为切入点，成功引入两家战略投资者为企业可持续发展提供长期资金支持。

面向"十四五"，中国经济社会进入高质量发展时期，绿色发展是应有之义，中国"双碳"目标实现需要国际国内各方的积极助力，对金融市场来说也蕴藏着巨大可持续投资的机遇。

道阻且长，行则将至。行而不辍，未来可期。兴业证券将坚持推进和实施绿色发展战略，不断丰富绿色证券产品供给，持续加强绿色金融领域的探索、创新，积极践行ESG投资，为实体经济可持续高质量发展提供有力金融支持。

公募基金及资管行业的
估值体系重塑

公募基金在新时期的价值理解与 ESG 实践

博时基金管理有限公司董事长
江向阳

全面建设社会主义现代化国家，建设现代化产业体系，加快绿色发展赋予了资管行业新的发展内涵。ESG 价值已成为公募基金行业的基本共识，它为我们提供了一种新视角来检视和防范风险，筛选优质、有长期价值的投资标的，也使我们能在中国现代化建设过程中，更好地挖掘与转型升级、强基补链、科技创新、绿色发展等相关的投资机会。

从 ESG 发展趋势上看，中国公募基金的 ESG 发展呈现出日益增长的态势。首先，规模持续扩大，在国际影响力最大的 ESG 投资倡议——UN PRI 签署方面，中国大陆 2022 年 UN PRI 的签署机构新增数量较 2021 年同期增幅超过 50%，123 家签署机构中有 39 家公募基金。其次，新产品发布增加。许多头部公募基金都已推出应用 ESG 整合、筛选或 ESG 主题投资等相关投资策略的产品，并逐渐蓄力提升对 ESG 的主动管理能力。

市场取得的这些成绩，起到支撑作用的是日益完备的 ESG 战略基础设施以及不懈的投研探索。下面将从 ESG 基础设施和投研探索这两个要素出发，分享我对中国基金业 ESG 实践的一些观察和思考。

第一，在 ESG 战略和基础设施方面，ESG 广义的基础设施包含 ESG 战略、目标、管治架构、政策制度、实施方案等要素。公募基金同业在这个链条上，大多数已经从中段形成了基本的 ESG 管治架构。头部同业多通过成立 ESG 投资委员会和专职小组等方式，将 ESG 纳入组织架构，并制定相关 ESG 政策。然而，在这个链条的首端和尾端，行业内实践还在逐步完善。如何将 ESG 贯彻到公司的发展战略，以及如何将政策落实到实施方案，需要我们推动一定的组织变革。

博时基金或能在此提供一些思路。作为国内较早开始进行 ESG 战略规划的公募基金之一，博时基金已将 ESG 的最高战略管理和监督职责提升到董事会层面。我们在 ESG 方面积极设置相应的短、中、长期目标和规划，落实公司整体绿色金融发展战略。在公司 ESG 系列政策的基础上，进一步编制《ESG 投资全流程管理制度》，强化公司将 ESG 标准融入投资活动的实操能力。在链条末端，我们也不断提升多维度信息披露，并于 2023 年 8 月首次发布了《博时基金 2022 年度 ESG 报告》。

第二，在 ESG 投研探索方面，目前大多数头部公募基金都已搭建或开始搭建自己的 ESG 评级体系。公募基金的 ESG 评级体系虽然多以环境、社会、治理为三大支柱，而更细致的指标逻辑却不尽相同，指标体系的构建逻辑比较清晰地反映了各家机构的 ESG 投研方法论。例如在环境维度，有些机构从风险和机遇角度构建二级指标，有些机构从实质性议题的角度构建二级指标。而在三级指标或更细的颗粒度上，评级体系则更考验基金同业在数据可靠性、信源透明度、数据质量评级等方面的实操能力。

尽管评级体系各不相同，但目标一致，那就是利用 ESG 评级体系，完成自己的投研闭环。基于自身对 ESG 投资框架的理解，结构化地将 ESG 信息转化为有效的投研信息，以支持投资决策。

在博时 ESG 评级体系构建实践上，博时自主研发了具有中国资本市场特色的综合 ESG 评分评级体系，覆盖股票和固收条线。我们的指标方法论既眼观国际发展，又充分探索中国特色的社会和治理因素对资本市场的影响和意义，挖掘社会转型发展和企业治理水平提升中的本土机遇和潜能。指标设计以"产生有效的定价信息"为目标，以实现 ESG 投研和传统业务基础的协同。基于投研探索，已发布了"博时可持续发展100ETF""博时 ESG 量化选股"等产品。

我们欣喜地看到，目前公募基金行业在投资规模、产品开发、ESG 战略和管理建设、ESG 投研方法上都开展了可观的探索。我们期待基金行业的 ESG 实践能在特色发展的基础上形成合力，一是提升 ESG 驱动因素向高质量投资收益转化的效率；二是合力共建更透明、更有效的 ESG 投资生态，以金融力量助力中国资本市场长期稳健发展，勠力同心为全球可持续发展做出贡献。

责任投资的内涵、作用及基金行业的实践

易方达基金执行总裁

吴欣荣

我国已经进入了新发展阶段。"创新、协调、绿色、开放、共享"的新发展理念为构建新发展格局、推动高质量发展提供了行动指南，也为基金行业融入国家高质量发展大局提供了方向和指引。证监会在《关于加快推进公募基金行业高质量发展的意见》中，要求行业积极践行责任投资理念，改善投资活动环境绩效，服务绿色经济发展。下面主要介绍我们对责任投资内涵、作用的思考，以及易方达基金在践行责任投资、提升发展水平方面所做的努力。

首先，责任投资内涵与新发展理念具有一致性。新发展理念注重解决发展动力问题、发展不平衡问题、人与自然和谐共生问题、发展内外联动问题，以及社会公平正义问题。责任投资旨在实现可持续发展目标，将环境、社会和治理因素融入投资决策，引导资金流向生态友好、社会和谐、提升治理等领域，引导企业长期可持续发展。这与"创新、协调、绿色、开放、共享"的新发展理念相融相通。

其次，责任投资是推动基金业高质量发展的重要抓手，对于构建行业新发展格局具有积极作用。证监会在《关于加快推进公募基金行业高质量发展的意见》中指出，行业高质量发展应立足于服务

居民财富管理需求、服务实体经济与国家战略，并提出了培育专业机构、强化专业能力等一系列具体要求。责任投资基于可持续发展理念，在提升投研核心能力、推进高水平开放、提高中长期资金占比、践行社会责任和服务实体经济等方面，可以发挥以下重要作用。

在提升投研核心能力方面，责任投资理念丰富了长期投资、价值投资的内涵。责任投资从环境、社会和公司治理视角出发，在投资研究中将更多的外部性因素纳入考量，强调更长周期视角，更加重视社会价值创造，引导企业的长期可持续发展。责任投资拓展了长期投资和价值投资的维度，有利于提升行业对企业长期价值的认知和发现水平。

在提高中长期资金占比和推进高水平开放方面，责任投资有助于改善长期回报、控制长期风险，提高服务长期资金水平和高水平开放能力。多项学界研究显示，治理规范、促进社会和谐、注重环境友好的公司，通常具备更好的可持续发展能力和较低的投资风险，践行责任投资有助创造长期稳健的投资回报。在责任投资这一共通语境下，我国公募基金与海内外长期投资者的沟通更加畅通，有利于实现更高水平的开放。

在践行社会责任和服务实体经济方面，责任投资通过发挥优化资源配置的作用，助力社会的长期可持续发展。责任投资通过优选ESG表现更好、符合国家发展战略方向的公司，支持符合可持续发展要求的领域。同时，充分发挥机构投资者的专业能力，积极引导上市公司治理改善，助推企业朝着更符合产业升级和社会发展的方向转型，从而为社会的长期可持续发展做出贡献。

近年来，公募基金行业积极探索以责任投资推动高质量发展的实践方法。易方达基金的责任投资根植于公司20余年发展与沉淀形成的文化体系，公司秉持"深度研究驱动，时间沉淀价值"的投资理念，践行责任投资已成为易方达基金实现长期战略的重要推动力。

具体来看，易方达基金在公司层面统筹建设责任投资体系，专门成立 ESG 团队牵头推动，并形成跨部门协同机制。在投研融合方面，ESG 研究员与行业研究员深度协作对备选库股票开展 ESG 评价，并将其实质性纳入投资选择和风险控制环节。在投资产品方面，持续布局 ESG 融入型产品和符合社会发展方向的主题型产品，不断提升 ESG 在各类产品上的融合程度，并将 ESG 理念渗透到投资管理和运营的各个环节。如今，责任投资已成为易方达提升投研水平、践行企业文化的重要途径。

与此同时，易方达基金主动承担资管机构的社会责任。一方面，真正落实"用手投票"，积极推动公司治理改善。我们制定了完备的制度体系和流程系统，投研团队共同参与公司股东大会的投票和沟通过程，促进公司提升治理水平，推动上市公司高质量发展。另一方面，推动责任投资在中国资本市场的落地。我们积极参与监管机构、自律组织在绿色与可持续投资方向上的研究和相关指引的起草工作，支持行业的责任投资体系建设。同时，与学术机构和行业倡议组织合作开展前沿性研究、气候行动合作，并推动金融机构环境信息披露，与行业共同助力责任投资的实践和发展。

责任投资是一项系统工程，需要多方力量共同合作、协同推进。易方达基金将继续践行责任投资，与大家携手行动，共建责任投资生态圈，共同促进公募基金行业高质量发展。

推动 ESG 投资与基本面投资整合：
建立适用于本土市场的 ESG 基本面研究框架

华夏基金总经理

李一梅

近年来，随着 ESG 理念越来越深入人心，实体企业、金融机构围绕 ESG 实践的讨论越来越有深度。作为专业机构投资者和身处其中的观察者，我们已经走过了理念普及、倡导的阶段，进入如何实操，如何把国际主流 ESG 投资理念与我国国情、产业现状、各机构具体情况结合的"深水区"，需要推动更加本土化的 ESG 实践。

2023 年，华夏基金连续第三年发布 ESG 白皮书，新增了生物多样性、转型金融这些专题研究。随着 ESG 投资实践的走实走深，新话题、新领域大量涌现，泛泛的介绍已经无法满足从业者的需求。我们正在自己搭建上市公司的气候数据库，这一数据库建立完善之后，能够计算出所有投资组合实时的碳排放总量及强度。而促使华夏基金下决心自建这一系统的原因就在于气候变化已经越来越成为全球 ESG 的关键议题，各行各业都暴露在气候变化带来的物理风险和转型风险中。不管是纺织服装行业上游的棉花、石油化工，还是食品饮料行业上游的大豆、生猪的价格，这种影响都是实实在在的。ISSB 刚刚公布了两个全球瞩目的信息披露准则，其中的

IFRS S2，就是要求企业对气候变化可能给自身带来的实质性影响——不管是风险还是机遇——进行分析。这样一种动态的、面向未来的情景分析，对很多信息披露还停留在静态、过去式的企业来说，提出了相当大的挑战。

以 IFRS 为代表的国际大趋势，也推动中国资产管理机构反思 ESG 如何走实走深。我认为，ESG 投资要想行稳致远，需要更紧密地与企业基本面结合。它应该像试衣间里主镜旁边的辅镜，帮助投研人员看到传统基本面分析不太能看到的企业风险和机遇，做出更全面审慎的决策。

以往讲 ESG 投资，好像和传统的基本面投资是两回事。基本面投资关注财务指标，注重财务回报，ESG 投资关注 ESG 指标，注重企业的外部性。这一机械的二分法，忽略了一个基本逻辑，那就是大部分基金产品的最终目的，都是为客户创造回报，只不过 ESG 视角更重视这一回报的可持续性、经风险调整后的收益。这也是为什么这些年国际上即使是采用传统策略的投资者，也不得不把 ESG 视角加入其研究框架。不管投资者自己认不认同 ESG 理念，许多 ESG 风险对所投企业的财务影响都是客观的，是无法视而不见的。

要更紧密地与企业基本面结合，就要求我们细化研究的颗粒度。对行业实质性 ESG 议题的识别，不仅停留在一级行业，更要深化到二级、三级子行业，抓住每个子行业的关键 ESG 风险和机遇。越下沉到子行业，我们越能发现 ESG 议题与公司经营的千丝万缕的联系，越能认识到这些议题对公司财务实实在在的影响。

以医药行业为例，在"S"（社会）维度上，我们很在意的一个指标是健康可及性（accessibility），企业生产的药品或器械，不仅要质量好，而且要便宜，惠及最广大的人群。我国新药研发长期存在适应证同质化、热门靶点药物研发扎堆的现象，因此对于创新药企，我们会回避同质化竞争、急功近利的企业，更关注企业对罕见病和创新治疗方案的投入，不能因为市场小、研发难，就不研发。也就是说要符合"可及性"的标准。

再如电商行业，我们在"S"维度上更多考量电商平台的普惠性，比如有没有给中小商户平等的机会，会不会给它们设置较高的门槛。我们认为这些指标会在中长期对公司的营收、利润、市场份额等财务指标产生实质性的影响。在普惠性指标上表现不好的公司，短期也许会把财务指标做得更漂亮，但大概率会在某个时点被反噬。此外，如果没有对二级、三级子行业基本面的这种高颗粒度理解，没有对中国企业发展阶段、面临问题的洞察，是很难提炼出这些ESG指标的。而这，就是我想强调的ESG与企业基本面更紧密地结合。

因此，ESG投资实践在中国进入深水区，ESG投资与传统基本面投资应该相互渗透、整合。我们的双脚要扎根于中国产业，建立起一套适用于本土市场的ESG基本面研究框架，将这套框架全面融入对产业、企业的分析中。ESG不仅仅是一个单独的主题、一个产品的标签，它一定是一种我们看待投资的价值观，一种底层的投资逻辑框架，一定要全面嵌入基金的投研体系。

非常期待金融行业同人和上市公司共同努力，真正把ESG与中国自身的国情及我们对未来的期待结合，并做实做好。只有这样，我们才能真正找到在国际ESG投资体系中的位置。

抓住低碳经济商业趋势与机遇，推动公私合作投资

瑞银集团资产管理前总裁
苏妮·哈福德（Suni Harford）

瑞银坚信 ESG，特别是向净零转型，将被证明是未来几年最重要的商业趋势之一。世界需要超过 125 万亿美元的资金和大量技术创新才能实现净零排放，不仅需要技术进步来解锁解决方案，还需要金融创新来解锁推动这些进步所需要的资本，越来越多的投资者正在寻找可持续的方式投入资金。在瑞银 2022 年的投资者情绪调查中，2/3 的高净值投资者表示可持续性投资组合的表现非常重要，78% 的投资者希望在可持续发展方面进行投资，以实现收益最大化。

中国的情况也是如此。晨星最新研究显示，中国现在是世界上最大的气候基金市场，这个市场的迅速扩张可归功于中国政府在经济转型议程中对气候变化和其他环境问题的高度关注，以及"双碳"目标的提出。作为瑞银集团资产管理总裁，我十分关注中国 2023 年更新的国家养老金投资规定，该规定里首次包含 ESG 考量因素，我认为这是中国进一步推动 ESG 增长和发布相关报告的潜在催化剂。

瑞银在中国已经经营 30 多年。作为中国领先的外资企业之一，我们的目标是将全球公司的优势带给中国投资者和中国企业，并成

为为中国引进国际投资者的"首选"银行。对全球投资者来说，投资中国资本市场可以分散风险，再加上中国市场拥有实现可持续发展目标的机会，资金进入中国市场拥有巨大潜力。推动低碳经济需要创新，很少有国家能在创新方面与中国匹敌。

对那些希望减少投资组合碳排放的投资者来说，重工业经常被忽视。现阶段，铝、水泥、化工、钢铁等相关重工业还没有商业替代品，无法被禁止，同时这些行业又在向低碳经济转型中发挥着非常重要的作用。重工业的大幅减排是可能的，而且可增加企业价值。我们制定了一个专有的、高度创新的去碳化框架，该框架量化了企业减排的经济价值，将使更多投资者能够参与并支持这些企业在气候问题上的努力。这些高碳的行业正是我们应该用技术创新和金融创新来支持减少碳排放的重点领域。

瑞银多年来一直在私人市场进行投资，客户对这一领域的需求也在不断增长。私人市场是可持续发展战略的天然温床，私人市场因其固有特性，通过更长的交付周期或灵活的披露方式为新技术和新想法提供支持。私人市场正在适应这一挑战，在以自然为本的解决方案、房地产和基础设施方面不断创新，如在可再生能源及储能、绿色建筑、仓储运输等方面，瑞银集团资产管理公司也战略性地收购了美国五个处于开发阶段的储能项目。

最后是关于混合金融模式在 ESG 投资领域的发展的探讨，这是一个颇具创新性的概念，将为真正的公私合作投资带来机遇。瑞银慈善基金会采用混合金融模式，利用慈善基金来吸引公共资本和商业资本，这种做法也引起了许多国家的兴趣。例如，2023 年年初，新加坡和澳大利亚政府发起了亚洲气候解决方案设计津贴计划，用于奖励创新性混合金融解决方案的设计和推出，这些解决方案旨在调动私人资本进入对亚洲新兴市场气候转变和恢复至关重要的部门。

向低碳经济转型是全球经济有史以来规模最大的一次重组与变革。到 2030 年，全球每年将需要 3.5 万亿美元的投资，如果不将大量投资转向全球经济各个领域的创新、可持续项目和绿色技术，这一转变就无法实现。瑞银集团的职责是为客户提供可持续产品和解决方案，并动员他们把资金投资于低碳经济领域，无论是电动汽车、碳捕捉、可再生能源还是建筑和基础设施的革新。

瑞银集团正在做这样的事情。我们来到中国，因为我们相信，对 ESG 做出更大变革承诺的种子将开花结果。

在 ESG 投资背景下重新思考投资流程、产品及机遇

保德信全球投资管理 ESG 全球主管
尤金妮亚·乌南扬特 – 杰克逊（Eugenia Unanyants-Jackson）

现阶段，全球对于 ESG 投资出现一定分化。在美国，对于 ESG 投资以及是否应将政策与社会目标置于财务目标之上的争论始终存在。在欧洲，在宏大且持续演变的监管框架支持下，投资者对 ESG 产品的需求不断增加。

放眼亚洲，ESG 投资正在迅速发展，且监管制度日趋健全。在中国内地，领先企业的 ESG 报告水平不断提升，同时监管机构也正考虑建立强制性的 ESG 信息披露框架。香港地区目前也要求气候相关的信息披露需与 ISSB 的气候披露准则相一致，为亚洲地区示范了较高的信息披露标准。2022 年，新加坡金融管理局也发布了 ESG 零售基金的信息披露和报告指引。

随着全面的 ESG 监管与实践的加速落地，全球 ESG 信息披露标准日益协调一致，这对国际投资者而言是非常积极的进展。无论是从资管机构还是从客户的角度，大家都认为基于信义义务，受托方应考量每一项投资背后的潜在重大财务风险，其中就包括 ESG 因素可能带来的风险，这对于 ESG 投资产生强劲的财务回报非常重要。

同时，我们投资的企业也越发关注 ESG 风险，并且日益认识

到有利的气候条件、可用的自然资源以及稳定的社会对企业的生存至关重要。全球各国的政府、监管机构也正在制定更多的干预措施以应对这些风险。不过，保德信始终认为 ESG 不仅是管理投资风险，还提供了一个重要视角，去识别在脱碳与保护自然资源的实践中孕育的投资机遇，以及向更可持续的消费、健康保健及性别平等的社会转型中产生的投资机会。此外，全球客户越发致力于寻求符合其价值观和可持续发展目标的投资，客户希望看到他们的资金在获得财务回报的同时，能创造环境与社会效益。

保德信非常重视 ESG 和可持续发展。我们每个业务部门都持续为 ESG 领域投入大量资源，成立专门团队，并拥有投研、投资组合管理、数据分析、技术及客户服务团队强有力的支持。我们将 ESG 视为一种投资工具，可用于实现四个不同的目标，分别为：管理投资风险，识别具有吸引力的投资机会，帮助客户依据其自身价值观、见解或投资偏好进行投资，助力想要对现实世界产生影响的客户达成目标。

以气候变化为例，气候变化已不再是一种假设性风险，它正真实地改变着全球经济，重塑市场，并改变着投资格局。同时，气候变化也在刺激一代人对资源的重新分配。长期投资者应将与气候相关的因素纳入其投资框架，许多投资者主要是从风险管理的角度出发，但气候相关的发展也可以为通过主动管理创造的超额收益提供机会，投资者可以对其投资组合进行优化，从而为更加绿色的未来贡献力量，在全球低碳经济转型的过程中发挥影响力。

在投资过程中落实这一点的最佳方式是针对发行人或资产进行自下而上的评估，避免过度依赖自上而下的气候风险模型，因为此类模型不会将每项投资的具体情况纳入考量。投资者还需要求发行人或所投资产方披露更多有关气候脆弱性以及相关缓解措施的信息。

在重新思考投资流程和产品、利用创新和变革性技术促进向低碳世界转型的过程中，存在诸多投资机遇。例如，由于市场正在调整对落后的"棕色行业"的定价，主动型投资者可以在棕色行业中寻找最环保的公司，这些公司的产品将继续满足全球人口的重要需求，或者识别那些致力于向低碳经济转型，并且对此拥有丰富经验的科技前沿公司，以此获得长期超额回报。此外，投资者如果在分析实物资产时将实体风险和气候转型风险纳入考量，则能在市场认为风险居多的领域捕捉到机会。投资于脱碳、可持续农业、用水效率和其他气候有关领域的变革性技术公司，将有望创造超额收益，同时投资者应留意投资于新兴绿色资产类别的可行性。

最后，这一系列的 ESG 工具无论是用于降低气候风险，还是用于识别气候相关的投资机遇，都需要我们审视自身的投资对地球及全人类的影响。投资组合中的公司或资产，它们的运营、产品及服务所产生的负面或正面影响目前尚未被市场定价，但未来将被定价。因此，那些关注 ESG 投资的投资者更有可能识别新出现的风险，并在更早期阶段发现获取超额收益的机会。

激活希望，必须激活资本：高质量信息披露与高效激励机制

富兰克林邓普顿全球执行副总裁兼亚太区主席

孟宇（Ben Meng）

ESG 在过去几年经历了由理念到实践的高速发展，越来越多的资本力量正加入这一事关人类命运的转型之中。截至 2022 年年底，仅应对气候变化的相关投资已达到 1 万亿美元，而在更为广泛的 ESG 领域，全球资本投入共计约 2.5 万亿美元，这些数字充分说明了 ESG 投资发展正驶入"快车道"。

与此同时，"漂绿"风险也相应提高。一边是市场日益强烈的 ESG 产品需求，另一边是全球统一标准与信息披露框架的缺位，这一现状成为"漂绿"行为出现的诱因。随着 ESG 投资变得越发流行，一些基金争相为自己贴上 ESG 这一标签，而自身是否名副其实却有待考量。例如，巴克莱银行（Barclays）的一项研究发现，那些自贴"可持续发展"标签的 ESG 基金，选股特征与传统基金并无显著差异。

但令人鼓舞的是，全球各国监管部门、各类金融机构正在不断努力完善 ESG 发展框架，力求让"漂绿"无处遁形。2021 年，美国证券交易委员会（SEC）以投资者利益为出发点发表《SEC 审查风险快讯》，指出从事 ESG 投资业务的公司应加强对合规薄弱环节

的管控，尤其应注意金融产品的ESG披露和市场推广材料是否与其投资实践相符。《SEC审查风险快讯》的发布，大大促进了监管措施向ESG领域的延伸。2022年起，美国与欧盟市场开始加速强化ESG基金监管、提高ESG投资标准，涉及从ESG基金名称、分类到信息披露等方面更加严格的要求。

中国也在国际ESG披露方面积极贡献力量。2023年6月，国际可持续准则理事会发布了两条新准则，不仅充分接纳了中国有关部门的修订意见，在未来更有可能成为中国国内相关会计准则修订的参考基础。全球ESG体系建设正在不断提速。

可持续投资理念的落实不仅需要顶层监管设计，更需要底层财务动机。目前，ESG中缺少了代表"金融"（Finance）的字母"F"，而在ESG落实的过程中，金融资本的力量是举足轻重的。当前，ESG投融资存在巨大资金缺口。例如，仅在能源转型方面，全球每年至少需要投入数万亿美元，并维持30~40年，才能打造真正的全球零碳经济。因此，引导更多的金融资本流入ESG领域迫在眉睫。

那么，如何有效吸引金融资本开展ESG投资？我认为只有"高质量信息披露"与"高效激励机制"的协同作用才能真正释放资本市场在气候投资领域的巨大潜能。一方面，需要在统一的标准下为投资者提供高质量的数据，以便其将ESG相关的风险收益因素定量地纳入自身原有投研框架和分析工具。另一方面，需要给投资者提供正确的激励机制，例如去除化石燃料补贴和碳排放定价等。

在信息和数据披露方面，中国、美国和欧盟三大经济体，同时也是三大碳排放集团，都开始强制要求披露气候数据，且这三大经济体都在尝试使用TCFD的数据标准。而资本市场的特点是一旦获得了高质量的数据，在机构自身发展、竞争的过程中，很快便会形成如基准、风险、预期回报等任何类型的定量分析工具。

在机制激励方面，目前全球三大经济体都在为碳定价，从而为减排及相关投资提供市场激励。创建全球碳定价市场，将持续带来深远影响。美国采取"胡萝卜"方式，对减少碳排放给予补贴；欧洲采取的是"大棒"方式，如果不减排便征税。在经济学中，无论胡萝卜还是大棒都能达到目的。

信息（Information）和激励（Incentive）这两个"I"的进一步完善是发挥资本市场力量的必要前提。在巨大的发展需求下，ESG数据标准和财务激励正在加速演进、不断完善。因此，世界正处于ESG投资发展的拐点时刻。

人类是休戚与共的命运共同体，ESG发展事关每一个人。当前极端天气事件的发生频率和严重程度都在不断增加，全球气候变化会给局部地区带来致命性的影响。同时，依据自然规律演变，在我们达到净零排放前，极端天气事件还将进一步恶化。美国等许多发达国家的净零承诺是2050年，中国是2060年，印度是2070年，这意味着在未来近40年的时间里，情况还有可能越来越糟。

这也是全球各类投资者高度重视气候变化领域投资的原因之一。要激活希望，我们必须激活资本。为了共同生存，我们必须共同努力。

主动型 ESG 投资及参与行使所有权的探索

路博迈集团董事长兼首席执行官
乔治·沃克（George Walker）

2022 年以来，全球面临从新冠疫情到气候变化和地缘政治动荡等一系列阻力。这给金融市场带来许多噪声，其中最刺耳的是关于 ESG 的大辩论。在美国，辩论的一方称 ESG 是"撒旦计划的一部分"，随着美国选举季的到来，我们会听到更多这样的言论。而与此同时，我们又会在美国电视上看到广告，宣称不公开承诺实现净零排放的投资经理正在导致世界出现迫在眉睫的气候灾难。

ESG 和可持续投资在过去一年经历了许多争议，无论人们视其为好事还是坏事，我们相信现实世界要比人们的想象更加复杂。我们认为这场关于 ESG 的辩论，实际上加深了投资者对环境、社会和公司治理法规的认识，也加深了其对于企业需要接触更广泛的消费者意识的认识，让投资者意识到主动决策、参与行使所有权的重要性。

为何主动型投资和参与行使所有权对我们如此重要？因为这两者将帮助投资者发现 ESG 领域的长期投资机会。

如果投资者能够识别和理解真正的投资机会，管理具有财务重要性的投资风险，识别可持续或有影响力的商业模式，那么他们可以成为主动型资产管理者，参与行使所有权。

以气候变化为例，虽然政策方向和外部性的解决最终取决于政府，但作为投资经理，需要理解政策方向如何影响经济，出现的变化长期来看会如何影响企业利润和证券价值。因此，投资者需要关注向低排放经济过渡的可能路径和演进速度。根据国际能源署的净零排放情景预测，到2030年，全球能源供应的60%以上仍将来自天然气、石油和煤炭，部署有性价比的可再生能源将需要时间，并且需要大量的资本支出。因此，在这一过程中，化石燃料公司将继续发挥至关重要的作用，这意味着许多投资者寻求将这些企业纳入其投资组合，无论是出于财务原因还是出于他们认为这是其资本能够帮助完成气候转型的最佳方式。这也是为什么我们主张在撤资之前，先进行参与。

参与也意味着投资者需要进行自下而上的主动管理，关注公司基本面。石油和天然气行业正处于时代的变革中，选择赢家和避免投资输家对于长期投资回报可能会产生巨大影响。如果只关注过去这些企业的碳足迹，而不向前看，关注前瞻性的战略和资本分配计划，我们很难选出这些企业中的赢家。这将是对高度复杂的战略决策、资本分配和财务风险管理的挑战，由于经济、法规和物理环境在不断变化，这些挑战还会变得更加复杂。但这些正是投资者期待其主动型资产管理者参与的机遇，那些没有深入分析和参与这个程度的主动型资产管理者需要向其客户解释为什么没有这样做。事实上，我们认为被动型资产管理者也有责任向客户解释，由于其持有的投资品种众多，他们的参与努力会受到严重限制。考虑到他们的股权可能赋予他们的权力，这种情况其实是错失了大好机会。

展望未来，我们认为经济即将转型进入高通胀、高利率的状态，经济和市场波动加剧，企业赢家和输家之间差距扩大，这些都将在未来的周期中利好主动型资产管理。我们也相信参与行使所有权是有效管理资本的必要条件。

作为主动型资产管理者，路博迈的目标是长期为客户提供有吸引力的投资业绩并支持他们实现其投资目标。路博迈长期以来的信念是，ESG因素是提升长期投资回报的重要驱动力之一。路博迈于20世纪40年代初在基金中首次应用"回避筛选"，1989年开始在美国建设可持续股权投资团队，2022年推出净零对齐指数。

在为客户提供选择方面，路博迈一直处于引领地位，我们的ESG投资哲学清楚区分了过程导向型投资和结果导向型投资。我们融合ESG因子的投资策略是过程导向型的，这意味着将具有财务重要性的ESG因子视为众多传统要素之一，成为投资的参考因素，这让我们可以对每个证券发行者进行单独判断，识别出其短期和长期可能面临的关键风险。我们也认识到许多客户希望采取更注重结果的方法，因此我们还提供以结果为导向的投资策略。这些产品在产品名称中使用了适当的标签作标注，如"可持续"或"影响"等，这使客户可以获得足够的信息，从而决定是否投资这些策略。

我们也在不断加强专有的、由分析师主导的洞察，使之更加经得起考验。同时在过程导向和结果导向的两种投资策略中都加强所有权的行使，以更好地服务客户。随着路博迈不断深化对于中国客户的承诺，我们也渴望利用我们全球领先的ESG专业知识，与本地社区携手，通过创新，推动实现可持续发展和绿色金融。

与大家一道，我们可以共同铸造地球可持续发展的未来道路。

PE/VC 对绿色低碳产业投资的带动作用

高瓴资本在 ESG 领域的理念与探索

高瓴创始合伙人

李良

  高瓴作为投资机构，对 ESG 从来都不陌生。早在这一概念被业内和大众熟知之前，很多因子已经融入高瓴自身的运行和发展之中。高瓴从成立第一天起就奉行长期价值投资理念，内部设立"ESG 专门委员会"，向员工、被投企业和其他相关方大力倡导 ESG 文化。我们也加入了 UN PRI，与全球 3 600 家机构共同践行 ESG 投资理念，推动绿色投资的持续健康发展。

  ESG 不仅是对投资人的内在要求，也为投资人提供了天然的投资标准，即最好的投资就是找到环境友好、治理完善和为社会真正创造长期价值的公司。特别是在"双碳"背景下，低碳转型为企业带来了主动作为、重塑核心竞争力的历史机遇。我本人做工业品、制造业、能源业领域的投资十多年，对这些高碳排、难减碳的行业有很切身的感受。高瓴在几年前就向被投企业和伙伴发出了投资业内首份"碳中和"的倡议书，希望逐步引导被投企业参与科学的减碳行动，助力绿色发展和低碳转型。

  高瓴在 ESG 投资以及投后服务上做了以下一系列实践。

  首先，我们相信科技创新是应对 ESG 及低碳转型的根本解决方案，在这条路径上 PE 和 VC 是大有可为的。过去十年，在企业家技术创新的带动下，在 PE/VC 等投资机构的推动之下，光伏发电成本下降了 90% 以上，风电成本下降了 50% 以上，这是非常令人兴奋的进展。

一直以来，高瓴高度重视新能源、新材料以及这些领域中领先技术的发展和产业应用。高瓴于 2023 年刚刚完成一项投资，所投公司致力于大规模、低成本制备绿氢。这家公司通过核心技术，能够高效利用甲烷生产氢气和高附加价值碳产品，整个过程实现零排放。这家公司在船舶、石油化工、钢铁等多个领域开展了规模化的应用，尤其是在液化天然气（LNG）船舶运输上，提供氢能和甲醇绿色解决方案。这类拥有领先技术的全球化创新公司，既能加速能源技术在全世界范围的创新和利用，又推动了全球上下游产业链相互整合和互动，很好地契合了 ESG 可持续发展的理念，是高瓴当下关注的焦点之一。

与此同时，ESG 作为投资的行为准则，被纳入从投前尽调、投中决策、投后赋能项目的投资全周期。以之前投资的一家智慧充电系统公司为例，它提高了充电站的可访问性，助力推动电动车应用。据测算，这家公司在 2025 年前可降低 90 万吨的二氧化碳排放，这也会被纳入我们对于投资的考量。

其次，我们正在积极发挥对投资组合的影响力，通过打通生态资源，连接更多企业、机构之间的合作，也通过高瓴深度价值创造（DVC）的投后服务，推动企业 ESG 发展。我们投资了一家碳管理公司，它积累了全球两百多个国家和地区数据，形成了中国乃至全球最大的碳排放因子数据库，可以为被投企业，包括协同生态提供强大的基础设施支持，帮助大家制订基于数据分析的高投入产出比的减碳方案，实现减碳成果的高效追踪和披露。在既有的 ESG 属性数字化、精益制造和人才管理服务之外，高瓴专门成立了 ESG 投后赋能服务团队，针对不同阶段企业对 ESG 不同的诉求提供定制化的解决方案。对于很多早期创新的公司，企业家已经意识到环境、社会和公司治理都是不可或缺的重要指标，但是如何选取指标成为新的挑战。高瓴于 2023 年上线了专门针对初创企业的 ESG 数字化平台，协助被投企业，尤其是发展早期的企业收集追踪分析关键的 ESG 指标，希望为企业长期可持续发展打好基础。

对于成熟企业，高瓴 DVC 可派出 ESG 小分队，提供驻场式的深度服务。例如，对投资的一家智慧零售连锁药房企业，我们协同推动这家企业成立了内部 ESG 委员会，并通过对比同行业 ESG 最佳实践，帮助建立了第一个 ESG 指标框架。对于企业比较迫切的减碳目标，我们也引入了很多第三方资源，推动完成了企业碳足迹的计算和认证，这家企业的旗舰药房最终获得了零排放的认证。

如果用投资行业经常用的一个词来描述"可持续"其实就是"穿越周期"。我们穿越周期的方式就是用长期的视角和被投企业家合作，共同寻找增加内生动力，提高反脆弱的方式，这也是我们对可持续的追寻。

ESG 与全球化 3.0

愉悦资本创始及执行合伙人

刘二海

愉悦资本是一家领先的创投机构，汽车和新能源行业是我们重要的投资根据地，我们已在这个领域深耕近 20 年。我们投资了中国新能源汽车的优秀品牌——蔚来汽车；中国最大的数字化汽车后市场服务商——途虎养车；中国最大的智能充电桩平台——能链智电，这家公司于 2022 年在纳斯达克上市。除此之外，愉悦资本也是摩拜单车最早的投资人，我们还在二手车交易、激光雷达、自动驾驶、商用电动车等全产业链都有充分布局。

本部分有三个主要观点：一是，全球化已经进入 3.0 阶段；二是，ESG 是全球化 3.0 的重要驱动力；三是，ESG 不仅是责任，还是一次非常重大的机遇。

什么是全球化 3.0？相对于全球化 2.0，全球化 3.0 有几个非常关键的特征。首先，全球化的主要角色从 2.0 时代的大型跨国公司转变成生而全球化的创业企业。其次，这些创业企业借助 2.0 时代形成的数字基础设施，创建伊始就能在全球范围内进行布局，而不是电子制造服务（EMS）/原始设备生产商（OEM）/原始设计制造商（ODM）等生产加工的形式。再次，2.0 时代主流的想法是"世界是平的"，现在则要优先照顾本地利益相关者，不仅仅是简单的贸易往来。最后，ESG 越来越被重视，2.0 时代是股东利益第一，而现阶段，环境、社会和公司治理理念被充分考虑。

下面将深入探讨全球化 3.0 的关键要素，特别是数字基础设施扮演的角色，以及由此带来的 ESG 相关考量。

数字基础设施我们也称之为"新基础设施"，以示与"老基础设施"的区别，包括移动互联网、移动支付、AI、物联网、云、物流和先进制造。基础设施具备普遍性、安全性、可靠性和经济性的特点。以我们投资的蔚来汽车和摩拜单车为例，此类交通工具都会联网，假如每台车联网的数据费用是每个月几百元，如此高的运营成本对企业而言不可承受，假如费用是每个月十几元，企业尚能接受。这说明，成为基础设施必须经济、普遍且安全可靠，否则，网联汽车、智能汽车实现不了。

在新基础设施成熟的 20 年里，互联网尤其是平台经济扮演了非常重要的角色，数千亿甚至万亿美元规模的互联网公司几乎都是平台型公司。经过互联网时代 20 年的飞速发展，我们认为现在正在经历"互联网平台—双边重构"的转变，新基础设施不仅是在用户端，也开始在产品端，甚至在产品和用户的匹配上发挥作用，表现为永续连接用户、垂直整合、大范围协作和数据智能。

从平台经济到双边重构的转化对经济产生了非常深远的影响。瑞幸咖啡是愉悦资本从 2018 年开始投资的项目。2023 年，瑞幸和茅台联名推出酱香拿铁，反响热烈，单日售卖 542 万杯，产生了 1 亿元销售收入。同时，根据瑞幸咖啡最新财报，它已经在多个指标上超越了行业前辈星巴克。一家成立不到 10 年的公司如何做到这些？原因就是瑞幸不仅在产品供应链端挖得非常深，在用户运营上也做得十分扎实，运用双边重构获得了优势，从而在竞争中有了加速度。

途虎养车也是一家我们连续多轮投资的公司，过去 10 年连投 8

次。目前，在汽车后市场领域，途虎养车的业务量和规模是第二名到第五名业务的总和，是中国最大的车后服务平台。创业伊始，途虎养车就自建客户端，自己运营数千万名活跃车主用户，在产品端则建设供应链，然后通过把双边联结到一起，高效匹配服务产品与用户，实现了更低价格和更好服务。2022年，途虎养车实现销售收入100多亿元，并且在2023年上半年开始赢利。

从以上案例可以看到，新基础设施在重构商业、经济结构时，起到了非常重要的作用。全球化3.0时代，数字基础设施在商业中的位置越来越显著。

过去近百年里，企业在全球范围内获得客户、服务客户是非常困难的。数字基础设施解决了这个问题：谷歌、脸书、TikTok这些聚集着全球数十亿名用户的巨型平台相当于全球化数字基础设施的组成部分，无论企业在全球哪个物理地点，都可以实现高效协同工作，这其实是非常了不起的一件事。安迪·葛洛夫曾经讲过一个故事，在互联网发展起来之前，日本企业的协作是最出色的，因为他们习惯坐在一个长条桌两边，交流非常充分。电子邮件时代来临，美国企业沟通协作的效率大大提高，因为电子邮件突破了长条桌的物理限制，让不同时区、不同地点的人充分协作。现在，我们进入新基础设施时代，协同软件、视频会议应用得非常广泛，协作的空间被进一步拓展。

在微观层面，企业形态的发展演化是全球化进程的缩影，作为商业活动的最活跃单位，企业更对全球化进程产生了深远影响，跨地域、跨文化、跨人种的碰撞融合，这就要求企业在本地利益相关者方面投入更多，关照本地文化、服务本地生态。全球化3.0时代，ESG中的"S"（社会）变得前所未有的重要。中国文化追求君子和而不同，《论语》说："己所不欲，勿施于人。"《圣经》说："你们愿意别人怎样待你们，你们也要怎样待别人。"数字基础设施让全球更加紧密地联系在一起，对本地利益相关者的充分照顾是趋势，更是必然。

下面，我们来看 ESG 中的"E"（环境）。环境是人类最大的共同利益，人类只有一个地球，我们都生活在地球村。影响企业的要素来自技术、产业、社会，以及宏观层面，其中就包括环境。环境和能源问题息息相关，从这个角度讲，我们认为 ESG 不仅是责任，也是一个非常重要的创业和投资的机会。

能源问题是气候问题的另一面，新能源是解决能源问题的途径。过去几年间，新能源市场迅速扩容，特别是电动汽车一日千里的发展速度极大地带动了新能源产业。2022 年，中国电动汽车渗透率达到 25.6%，进而带动产业链上下游都得到长足发展。自动驾驶或辅助驾驶成了中高端汽车的标配；汽车核心零部件，比如激光雷达、调光玻璃的技术日渐成熟；二次电动化覆盖的场景越来越广泛，电网的源网荷储在发生变化，电池技术也在发生深刻变革。所有这些创新正在汇聚成一个庞大的产业，并且延续到未来二三十年，这就是巨型机遇。

这里需要特别提到电池的发展。2013 年前后，存储一度电的成本为 700 多美元，而现在为 140~150 美元，存储成本的急剧降低使电动汽车得以普及。更进一步，储能价格的下降还会给更多行业带来变革的可能。

蔚来汽车是愉悦资本在 A 轮就投资的一家企业。2020 年，蔚来在合肥落地，原因是安徽国投投资了愉悦资本的一只基金，进而开展了项目上的合作。蔚来汽车在合肥落地之后，又开辟了新桥产业园，把其他品牌电动汽车以及电动汽车的上下游都纳入产业园，愉悦资本投资的优信二手车也进驻了产业园，真正实现了"投资一只基金、落地一家企业、带动一个产业"。

再举两个愉悦资本投资的公司的例子。电动自行车 LEMMO 是一家德国企业，它的电池可进行拆卸，拆下来是普通自行车，插上去是电动自行车。这辆自行车是德国品牌、德国设计，部分供应链在中国，生产在波兰，团队成员来自各个国家，也包括我们投资的摩拜单车的核心设计师。另一家公司 FEST 的创办人是一位新疆人，他曾经担任华为土耳其业务的总经理，FEST 的产品是电动轻卡，服务物流的最后一公里。公司的供应链目前在中国，未来计划在欧盟等其他地方进行产能扩容，目前，FEST 已经开始在南美和欧洲销售自己的汽车。

LEMMO 和 FEST 是创业公司生而全球化的一个缩影，它们作为初创公司参与新能源的长潮大浪，在环境这个全球化议题面前，当然会照顾到各地利益相关者。

我们认为 ESG 是全球化 3.0 时代的核心要素，甚至是驱动的关键要素。新基础设施正在重塑全球化，必须充分考虑本地利益相关者，而不是简单的贸易。ESG 不仅是一种责任，更是一种机遇，一个创造出更多、更优秀产品服务的巨大机遇。

第三章

全球ESG披露框架和准则的发展与应用

2023年以来,在各方力量的推动下,全球ESG披露标准逐渐走向统一。2023年6月,国际可持续准则理事会发布了两项国际财务报告可持续披露准则,即IFRS S1和IFRS S2,有力推动了全球ESG披露标准的整合与趋同。截至2023年9月,UN PRI在全球已拥有5 000多个签署方,共管理超过120万亿美元资产;已有超过11 000家跨国公司使用全球报告倡议组织(GRI)标准。

与此同时,随着我国在国际ESG准则及标准制定中参与程度的不断深化,我国社会各界对构建有中国特色的ESG标准体系与国际话语权的呼声也越发强烈。

在此背景下,本章汇集了来自全球ESG信息披露准则制定机构的实践经验与建议、不同国家和地区交易所对ESG信息披露的有关政策与经验、ESG评级机构的前沿实践与市场趋势、我国社会各界对构建中国特色的ESG标准体系的建议,以期为推动我国乃至全球ESG信息披露与ESG评价实践提供借鉴。

全球 ESG 信息披露准则的
发展与趋势

联合国负责任投资原则组织的建立及其在中国的实践

联合国负责任投资原则组织 CEO
大卫·阿特金（David Atkin）

本部分主要简要介绍联合国负责任投资原则组织（UN PRI）及成为 UN PRI 签署方意味着什么。UN PRI 成立于 2006 年，最初源于联合国体系，成员主要由一小群致力于将可持续发展引入资本市场的资产所有者组成。UN PRI 总部位于伦敦，在全球各个战略市场都设有办公室，北京办公室于 2017 年设立。如今，UN PRI 代表全球最大的负责任投资社区，拥有 5 000 多个签署方，共管理超过 120 万亿美元的资产。

成为 UN PRI 的签署方意味着公开承诺在其投资决策和所有权中纳入 ESG 因素的考量。近年来，中国是 UN PRI 签署方数量增长速度最快的国家之一，截至 2023 年 9 月，中国大陆已拥有超过 140 个签署方，并仍在稳步增长。这表明中国投资者负责任投资的兴趣正在快速增长，负责任的投资实践也在迅猛发展。北京办公室设立以来，许多中国领先的资产所有者和资产管理人已经加入 UN PRI，包括中国人寿资产管理公司、中国平安保险集团和中国太平洋保险集团等。我们期待与更多的中国机构投资者合作，尤其是能够与养老基金、主权财富基金和保险公司进行合作，进一步推动负责任投资的主流化，并成为可持续性问题全球解决方案的一部分。

在中国，中国政府已经建立了全面的政策框架，旨在支持实现"双碳"目标。与之相辅相成的是金融监管的发展，中国稳步推进政策和监管改革，旨在使金融业能够与国家可持续发展和"双碳"目标更好地对齐，这些监管发展也越来越鼓励金融利益相关者通过其活动支持 ESG 目标。例如，2022 年银保监会发布《银行业保险业绿色金融指引》。同时，行业协会也在将高层次的目标转化为行业指导，国际可持续准则理事会也在北京新设立了办公室。

UN PRI 在中国有着长期的政策参与及合作计划。其中，UN PRI 的关注重点包括支持实施企业 ESG 披露框架和其他更加有效的框架，以确保投资者能够尽责管理被投企业的行为。UN PRI 将继续与签署方合作，支持推动监管政策完善，支持投资者更好地将可持续性风险和影响纳入决策过程。

UN PRI 的工作得到了中国投资者的有力支持。UN PRI 在全球范围内对签署方进行了调查，包括投资机构与市场的互动情况、与政策制定方的互动情况。气候变化、社会的包容性和平等性等问题属于系统性风险，系统性变革离不开政策推动。负责任投资起初是一场"自下而上"的运动，一群有影响力的投资者自行寻求创造变革，但如今这一领域已得到监管层面"自上而下"的回应。在全球范围内，中国的签署方在调查中表现出了最强的推动相关政策变革的意愿，接近 85% 的被调查者希望 UN PRI 能做出更多推动工作。未来，UN PRI 将深度参与和大力支持变革的过程，确保全球相关政策变革能够反映投资者的需求和雄心。

中国在可持续性问题上的成功与全球的成功息息相关。中国的政策制定者、投资者和企业的领导作用，不仅对推动中国自身的进步至关重要，也对推动全球层面实现各国共同的目标至关重要。气候危机的影响已经开始显现，全球创纪录的热浪、日益频繁的极端天气事件、生物多样性的丧失、不断加深的社会不平等这些系统性问题，也对我们的社会构成了生存威胁。面对这些挑战，UN PRI 致力于推动签署方，作为投资者能够逐步向建立可持续金融体系过渡。

企业可持续信息报告与强制性披露趋势

全球报告倡议组织 CEO
埃尔科·范德恩登（Eelco van der Enden）

企业业务的价值链与解决方案已变得越来越可持续。如今，企业实现可持续发展目标，已不再意味着行善，而必须成为正常商业行为的一部分。实现可持续发展目标，一是涉及企业长期风险管理问题，二是在企业进入资本市场时能降低资本成本，三是可以吸引更积极的员工，四是能够提高企业在政府、监管部门和客户等相关方中的声誉，供应链中的供应商也对企业的生产和运营方式有浓厚兴趣。

全球报告倡议组织（GRI）是最早的影响力标准制定者，其标准也是全球范围内被使用得最广泛的标准之一。截至 2023 年 9 月，全球已有超过 11 000 多个组织使用 GRI 标准。GRI 标准提供了标准的评估流程，让投资者和其他利益相关方了解企业在如何努力实现各层面的可持续发展目标。其他利益相关方及投资者可根据企业披露的情况，而非感知做出决策。GRI 标准也是《欧洲可持续发展报告准则》（ESRS）的核心，该准则将从 2024 年起成为欧洲的强制性标准。

GRI 标准的下载量在 2023 年同比增长 45%，目前已超过 90 万份。GRI 从中国企业那里收到了大量反馈，包括如何理解标准，以及明确如何真正转型。可持续报告不仅是一种手段，更是全球供应链改革综合措施的一部分，要应对的是全球商业和金融模式的转变，这也许是继技术和工业革命之后第三次真正的大变革。即便企业所在国家和地区本身没有强制性的可持续报告标准作为约束，但世界各地使用 ISSB 准则的客户，要求企业提供相关信息来完成报告义务，这就促使企业披露可持续信息，便于利益相关方依据数据进行决策。

全球监管机构越来越倾向于制定强制性的可持续性报告披露要求。在与 ISSB 准则的协调上，GRI 是 ISSB 可持续报告综合解决方案的一部分，双方将共同努力，推动准则成为全球可持续性报告的综合基准。具体而言，ISSB 代表投资者利益，负责财务影响方面的报告，GRI 代表社会和其他利益相关方，关注对 ESG 的长期影响。

最后，在企业预算和资源已经捉襟见肘的情况下，可持续报告是否给企业带来了额外的负担？在过往职业生涯中，我曾担任税务、财务、风险和企业金融主管，过去 15 年，我一直在普华永道担任全球主管。2000—2004 年，随着国际会计准则的引入，我也收到了很多这样的问题：如何能以简单的方式获取必要的报告数据？如何能确保在公司控制框架内监测到事件和需要报告的数据？如何能保证这些数据得到外部验证？其实，现在我们收到的问题与之前是完全一样的。当初的财务报告也需要技术投资，而 GRI 有技术、有数据分类，可以解决这些问题。GRI 将继续与 ISSB 一道，推动实行全球综合基准。

ISSB 可持续准则：为什么、是什么、怎么做

国际可持续准则理事会主席特别顾问兼北京办公室主任

张政伟

本部分在开始前，我要提一个问题，即 ISSB 可持续准则：为什么、是什么、怎么做？ISSB 是国际可持续准则理事会，可持续就是"续命"，就是为了让地球能够永续。为什么要可持续，因为投资者有需求。第一，好的信息促进好的决策。现有研究表明，在投资者决策中，传统财务信息占比只有 5%，剩下的 95% 全部为非财务信息，其中最重要的就是可持续信息。第二，企业可持续信息需要可比，信息不可比就无法用于决策。现在有 200 多家机构，600 多个 ESG 披露规则，可以用"一锅粥"形容，资本市场需要一个统一的基准。

ISSB 准则发布之后一个多月时间，先后发生了三件大事，一是 TCFD 的使命已经完成，宣布自己功成身退，ISSB 已经全部涵盖了 TCFD 的内容。二是国际证监会组织（IOSCO）呼吁其 130 个成员（代表全球资本市场 95% 以上的市值）考虑使用 ISSB 准则。三是国际审计和鉴证准则理事会（IAASB）发布了首份可持续发展信息鉴证准则公开征求意见稿。这三件大事，都是对全球范围内采用 ISSB 准则的最大支持。

ISSB 准则提供了什么？第一是高质量，ISSB 设置了与国际会计准则理事会相同专业水准的理事会，使用了与会计准则相同的应循程

序，并借鉴了国际上普遍接受的美国可持续会计准则委员会（SASB）、气候信息披露标准委员会（CDSB）、TCFD 等标准，保证了制定准则的高质量。第二是高可比，ISSB 准则在初期就旨在打造全球基准，所谓全球基准在中文语境中就是最低配置，全球基准保证了信息的可比性。准则内嵌的"积木法"，各经济体可以加内容，但不能减内容。第三是高兼容，兼容不同政策环境，不同会计准则都适用。

企业在可持续信息披露中面临三个主要难题。第一是无所适从，不知道选择什么准则；第二是无从下手，不知道怎么起步；第三是无所表达，不知道怎么才能够说出规范的话。这三个问题在 2023 年 6 月 26 日 ISSB 准则推出时已经全部有了答案。

对企业来讲，第一，不要让做或不做成为问题。市场要求企业披露，企业的可持续信息披露已经由选择题变成必答题。

第二，不要让贵和不贵成为负担，ISSB 准则中内嵌了一个规定，简单来说就是成本太高不做，太费劲儿不做，所以这套准则并不是企业的负担。反之，如果企业现在在 ESG 方面已经做得很好了，那将会零成本过渡到 ESG 准则，如果企业开展了 TCFD 披露，那么过渡到 ISSB 准则的痛感会非常小，如果企业还有很多工作暂未开展，差距就是潜力，投资就是赋能，而不是负担。

第三，不要让披露是否准确的顾虑成为行动的障碍。例如，很多企业担心算不准"范围 3"①，因为上下游企业不能提供相关数据。现阶段准确不是最重要的，行动是关键，如果无法精准获取企业温室气体排放"范围 3"的数据，可以通过估算的方法进行披露，先体现数据的变化趋势，再逐步追求数据的准确。

总之，让地球永续，不等待、不推卸、不犹豫；让准则落地，早了解、早准备、早受益。

---

① 范围的概念来自《温室气体议定书》。——编者注

全球 ESG 实践的演进、挑战与机遇

中国环境与发展国际合作委员会国际首席顾问，
国际可持续发展研究所高级研究员

魏仲加（Scott Vaughan）

本部分围绕 ESG 披露简要谈谈三个主题。第一是 ESG 披露实践的历史及演进，第二是 ESG 披露标准和实践现状，第三是目前推动 ESG 披露尚存的挑战与机遇。

自 20 世纪 90 年代，人们就希望企业在可持续实践方面进行衡量和披露。最早期的 ESG 报告由矿业、林业和其他涉及自然资源的公司产出，特别是在加拿大，许多公司已经披露它们在特定环境实践方面的做法，如伐木、造林、淡水管理、尾矿池、土地复垦和生物多样性补偿等。这些实践会影响当地的社群，所以最早期的 ESG 报告也会披露 ESG 中的"S"（社会影响）和"G"（公司如何建立组织进行良好的绿色实践）。

过去 30 年，早期的 ESG 披露框架已被大大扩展。1992 年，我协助发起联合国环境规划署金融倡议（UNEP FI），旨在研究银行等金融部门如何应对越来越重要的环境议程。联合国环境规划署尝试迈入绿色金融的第一步是建立框架原则，这些原则至今在 TCFD 准则中使用，包括识别与环境相关的实体风险，利用新兴机会或融资构建商业实践。虽然大框架的准则至今没有改变，但实际上 ESG

报告已发生极大变化，包括需要披露哪些信息，需要信息达到何种精确程度。不同的标准和数千家与私企携手共同发布 ESG 报告的第三方认证机构所扮演的角色也都发生了变化。

过去 30 年，ESG 披露实践的另一个重大变革驱动因素来自人们对环境变化引发危机的关注。人们以更加严格的视角审视企业，希望企业披露搁浅资产等风险因素，并披露如何应对低碳投资领域里不断扩大的市场机遇。

现在，ESG 已成为一种主流做法。85% 以上的上市公司都设有 ESG 目标，在标准普尔 500 指数纳入的公司中，每四家公司中就有一家在季度业绩电话会议上定期提及 ESG 表现。企业、股东、消费者和员工都在期待企业做出 ESG 承诺。

在 ESG 快速发展的同时，也存在一些挑战。麻省理工学院的研究者一直在研究 ESG 实践、对比 ESG 趋势、评估 ESG 数据的质量，并将他们的 ESG 研究项目命名为"聚集的混乱"，这一命名精准地体现了目前全球 ESG 实践中的核心挑战——非系统化。研究者检验了来自不同顶尖机构的 ESG 标准，如穆迪、标普，发现不同的 ESG 体系很难兼容。不同的机构可能会使用相同的术语，却使用不同的权重指标来考察同样的维度，或者同一个机构的不同标准使用完全不同的维度来进行考察。一些 ESG 类别是可以被清晰报告的，如温室气体排放或者标准空气污染物已经有了被广泛接受的量化报告框架和指数。而其他一些领域本身涉及定性分析、主观判断，难以用标准的维度衡量和判断。这在 ESG 的"S"层面尤为严重。

此外，跨体系比较 ESG 数据存在障碍，ESG 实践在欧盟和美国等不同市场间正在变得割裂。但比起市场割裂，更重要的风险是"漂绿"，即企业声明自己在践行绿色低碳实践，但没有任何证据能够支持他们的声明。欧盟每年进行绿色扫查，发现 42% 声称自己有绿色行动的公司的声明都是被夸大的，甚至没有行动。

因此，亟须推动 ESG 实践相互融合、兼容、可比较。为实现这一点，可通过在国内建立清晰的监管框架，在国际推动建立统一的 ESG 框架来实现。

欧盟是目前在强制性 ESG 披露和实践方面领先的地区。欧盟建立了资产管理者的尽责管理守则，针对必须遵守欧盟绿色金融分类法规的银行和资产管理者，推出一系列新的可持续相关的金融披露监管措施，特别是《可持续金融披露条例》（SFDR），此外还推出了一项新的影响可持续性的行政指令（《企业可持续尽职调查指令》），包括"双重实质性"，让企业能够报告对于运营的实际影响。

其他地区也在推进更有约束力的 ESG 和可持续信息披露，包括美国、英国、加拿大、新西兰、中国。在国际层面，2023 年 6 月，ISSB 发布了《国际财务报告可持续披露准则》，这一新的准则要求实体披露会影响短期、中期、长期现金流的"全部可持续相关的风险和机遇"信息，也对定性的可持续发展信息披露提出了要求，必须具有可比性、可验证性、及时性和可理解性。可理解性不仅指投资者和股东可理解，也需要消费者可理解。

由于气候变化问题的重要性，这些披露标准是监管部门、研究机构、企业在过去两年中最为关注的问题。ISSB 新准则和 TCFD 准则都有一个关键支柱，即公司需要就气候对运营的影响部署稳健的方案，但目前许多分析都低估了气候对运营的影响。2023 年夏天，中国发生了严重洪水，加拿大、夏威夷也发生了具有毁坏性的山火，世界各地还有许多类似事件发生。2023 年 7 月，英国精算师协会发布年度报告，总结了这一值得警醒的问题。报告提出，金融领域对环境相关风险的大多数应对方案都是不合理的，这些应对方案忽视或低估了极端天气事件可能造成的影响。如果说气候状况很难预测或通过报告框架披露，那么对于环境和生物多样性风险的报告和披露则更难。2023年6月，欧洲央行发布了其对于生物多样性丧失的风险分析，估计72%的欧元区公司和75%的欧洲银行贷款都面临生物多样性丧失的风险，而40%的欧元区银行没有将相关风险纳入预计。

  作为联合国生物多样性大会的主席国，中国在完成《昆明—蒙特利尔全球生物多样性框架》上发挥了关键作用。这一框架确定了许多关键性目标，包括发挥私人资本在其中的作用，它还呼吁进行更多的自然风险方向的披露，像TNFD这样的倡议也获得了越来越多的支持。在ESG发展的关键十字路口，希望中国在未来能够发挥更多的力量，推动变革与进步。

全球 ESG 信息披露
政策与实践

转型金融产品、信息披露政策与伙伴关系

新加坡交易所集团首席执行官
罗文才（Loh Boon Chye）

全球正共同面临着气候危机、资源短缺等可持续发展问题的严峻挑战。作为经济强国，中国在推进气候转型方面发挥重要作用。新加坡交易所集团作为金融领域领导者，致力与中国和全球携手合作，共同将这一代面临的挑战转化为机遇。

预计到2040年，亚洲在全球GDP中的占比将达到约40%。然而，由于亚洲高度依赖化石燃料作为能源来源，其面临的主要挑战之一，就是如何在经济增长与减排之间取得平衡。为应对这些挑战，亚洲需要更多资金。

要塑造可持续发展的未来，需要各生态系统携手合作，以可持续的方式推动变革，实现增长。作为位于资本市场生态系统中心的国际多资产交易所，新加坡交易所致力于促进资本流动，帮助气候转型。这需要大规模调动公共和私人资本，需要一系列相关工具和战略，以实现碳足迹的减少。

下面将从融资产品转型、信息披露政策和发展合作伙伴关系三方面分享新加坡交易所的经验。

首先是融资产品转型。鉴于当下气候变化所带来的巨大挑战，新加坡交易所希望能够最大限度地调动资本，正在持续建立跨资产

类别的可持续和转型融资解决方案。

据估计，超过 1/3 的股权资本来自被动投资。机构投资者，包括资产所有者投资组合中的很大一部分，都基于各种基准指数的指导进行，这让基准指数成为引导资本流向转型企业的有力工具。新加坡交易所与摩根士丹利国际资本公司合作，建立了首个能够推动转型融资和实体经济去碳化的指数——MSCI 气候行动指数。MSCI 气候行动指数能反映超过 30 家全球资产所有者的表现，这个包含多行业的指数填补了目前的市场空白，采取自下而上的方法和前瞻性指标来评估企业。为搭建该生态，新加坡交易所最近还推出了基于这些指数的国际金融衍生品。多样化的指数对现有的低碳 ETF 投资组合起到很好的补充作用。全球首只覆盖亚太地区的低碳 ETF 在新加坡交易所上市，中国投资者可以通过新加坡交易所与深圳证券交易所合作成立的互通 ETF 购买该亚太低碳 ETF 产品。

债券市场在气候融资领域也发挥着至关重要的作用。作为亚太地区领先的国际 G3 货币债券[①]上市地，亚太地区一半以上的 G3 货币 GSSS（绿色、社会、可持续发展和可持续发展挂钩）债券都在新加坡交易所上市。2022 年，这些债券在新加坡交易所所有上市债券中的占比已增至近 20%。

碳信用是减缓气候变化的另一个重要工具。新加坡交易所的合资企业新加坡全球碳交易中心（CIX）为高质量碳信用提供了一个全球交易市场。通过可靠的碳市场，处于可持续发展历程中任何阶段的企业都可以为全球气候目标做出贡献。

全球脱碳行动推动了包括新能源汽车在内的可持续交通的发展。金融衍生品公司在新能源汽车价值链中发挥着愈加重要的作

---

① G3 货币债券，是指以美元、欧元、日元计价的债券。——编者注

用。新加坡交易所还迎来第一只中国新能源汽车 ETF 的上市，以及在中国家喻户晓的蔚来汽车的上市，帮助投资者发掘中国新能源汽车市场不断增长的投资机会。

其次是数据与信息披露政策，它们是转型融资的基础。作为一线监管机构，新加坡交易所于 2016 年引入可持续发展报告计划。2022 年，基于气候变化相关财务信息披露工作组的建议，我们引入了强制性气候报告，并将分阶段实施。我们还计划将 ISSB 的新准则纳入上市规则，作为上市公司的强制性披露要求。披露标准的统一将为企业可持续信息披露提供一致性基础框架，这对资本市场至关重要，我们将努力确保披露信息和数据的可靠性、一致性和可比性。我们和新加坡金融管理局联合推出了 ESG 数据披露平台 SGX ESGenome，以便企业以结构性和高效率的方式报告 ESG 数据。

信息披露透明化有助于投资者做出知情决策，并建立起企业和股东间的信任。新加坡交易所和新加坡金融管理局正与气候数据指导委员会合作，加强世界各地利益相关者对这些数据的获取。这是促进公共和私人资本配置流向气候转型领域的重要一步。

最后是发展合作伙伴关系。资本市场的可持续发展需要地方、区域，乃至全球合作。我们必须开展跨境合作与跨生态系统合作，分享最佳做法、交流经验、统一标准，共同创造解决方案。新加坡交易所和中国的交易所有许多合作空间和机会，可以为生态系统制定双赢的气候解决方案。新加坡金融管理局和中国人民银行共同成立了中国—新加坡绿色金融工作小组，新加坡交易所也是其中一员。中国—新加坡绿色金融工作小组的主要工作之一，就是在可持续金融国际平台下开展标准融合工作，推动中国与东盟的分类法兼容。

通过与深圳证券交易所和上海证券交易所的 ETF 产品的互通，新加坡交易所也在加强两国资本市场之间的联通。我们期待与发行机构合作，推出中国、东盟和亚太地区的可持续发展产品。这也将有助于中国的资本流向当地领先的可持续发展企业。

全球交易所具有独特的优势，能够让资本流向最需要的地方。新加坡交易所期待能够与更多伙伴建立合作关系，携手推动可持续发展议程，创造一个经济增长与可持续发展齐头并进的世界。

绿色金融与可持续投资实践

伦敦证券交易所集团数据与分析业务大中华及北亚区董事总经理
陈芳

本部分主要分享伦敦证券交易所集团（LSEG）在绿色金融和可持续投资领域的实践，以及如何加强与国内资本市场在该领域的合作。

资本市场是解决全球社会面临的可持续发展挑战的关键，并致力于成为可持续发展的战略推动者。作为资本市场的核心，伦敦证券交易所为行业提供实现可持续发展目标所需的工具、数据和资金。以下是我们提供的全面的可持续金融和投资服务。

在数据与分析业务上，通过伦敦证券交易所旗下的路孚特，我们提供了业内最丰富的 ESG 数据库之一，基于公开报告公司数据，涵盖了全球 85% 以上市值的标准化 ESG 数据点和分析。除了股票，我们还为许多资产类别提供 ESG 数据解决方案，包括固定收益、贷款、理财基金、基础设施与项目融资。

在基准与指数业务上，伦敦证券交易所旗下的富时罗素提供全面的 ESG 和气候指数，旨在满足不同投资者的目标和主题，全球追踪这些指数的资金超过 510 亿美元。

在资本市场业务上，伦敦证券交易所专门的可持续债券市场已募集资金超过 1 120 亿英镑，拥有伦敦证券交易所绿色经济标志的发行人总市值达1 560亿英镑，这些上市公司50%~100%的收入来自绿色环保产品和服务。伦敦证券交易所集团还在2022年推出了自愿碳市场，这是全球第一批使用公共市场机制来支持产生碳信用的国际交易所之一，我们还为寻求碳信用额度的投资者和企业提供了渠道。

在国际上，我们参与了包括格拉斯哥净零排放金融联盟、净零金融服务提供商联盟、联合国可持续证券交易所倡议和气候数据指导委员会在内的诸多平台和机制。

下一步可持续金融的重点毋庸置疑是转型金融。那么，怎么来服务转型金融，从而释放全球可持续经济增长的潜力呢？

要推进上述目标的实现，促进金融行业根据可持续性目标进行资本调度的广泛实践，政府和监管机构发挥着不可或缺的作用。各国政府需要在目前采取的行动基础上进一步推动将可持续性发展纳入金融体系和全球经济，从而充分发挥资本市场的力量。

虽然我们需要快速将资金转移到绿色经济，但为传统碳密集型企业和行业提供转型支持也同样重要，这将是成功减少全球碳排放的核心。我们所依赖的一些关键行业，如能源业和航空业，相较于其他行业需要更多的时间完成转型。让这些行业有机会为实现可持续性目标采取积极行动，不因目前暂时性的高碳排放量活动给予其过度惩罚，这一点非常重要。

我们也期待采用多方参与的方式来制定适合目标的转型计划指引。例如，在不了解公司的气候目标和方法论时，转型计划指引应通过规范性披露准则来提高减排目标的数据标准化。根据伦敦证券交易所在"转型路径倡议"和"气候行动100+净零基准"等项目中的经验，缺乏基础数据将对构建一个统一和准确的企业气候目标数据集带来重大挑战。因此，我们建议在政策制定方面，促进目标模板和统一标准的使用，正如TCFD和ISSB的最新准则和目标。

还有一个重要领域是自愿碳市场，它可使私人投资者、政府和企业购买碳信用，为减缓全球气候变化的项目提供资金。自愿碳市场的全球一致性将有助于加速全球脱碳进程。目前，很多基础性的工作正在稳步开展，包括自愿碳市场诚信委员会（ICVCM）制定的原则等，确保自愿碳市场在全球范围内可靠有效地运作。值得注意的是，许多产生碳信用的减排项目位于新兴市场和发展中经济体。因此，自愿碳市场的发展将促进资本从发达国家流入新兴市场和发展中经济体，为转型提供支持——这是《巴黎协定》所确立的全球可持续性目标中的一个关键要素。

还要思考如何加强与国内资本市场在这个领域的合作。其中，伦敦证券交易所认为尤为关键的一点是解决数据缺乏的障碍。金融行业需要一致和可靠的数据为决策提供信息。解决这一问题的关键在于实现以 ISSB 为代表的全球可持续披露准则的采纳、执行与落地。

只有通过一致的行动，才能实现全球经济向可持续转型，相信中国市场将在其中发挥重大作用。伦敦证券交易所致力于推动行业合作，将可持续发展纳入整个金融体系，并期待利用资本市场的力量促进可持续增长。

ESG 披露标准的前沿进展

沙特交易所首席执行官

穆罕默德·艾·鲁迈赫（Mohammed Al Rumaih）

作为中东最大的证券交易所之一和全球十大证券交易所之一的行业领导者，沙特交易所在促进沙特资本市场的可持续增长方面发挥着关键作用。

过去几年中，沙特交易所在推进沙特阿拉伯的 ESG 报告方面取得了重大进展。2021 年，我们在沙特交易所上市的公司推出了《ESG 信息披露指南》，披露其 ESG 实践的发行人数量持续增加。

沙特交易所还与其他海湾国家的同行合作，将整个海湾合作委员会（GCC）的 ESG 披露联系起来并标准化。2023 年年初，我们牵头 GCC 金融市场委员会发布上市公司自愿披露 ESG 信息统一指标，旨在规范海湾地区 ESG 信息披露。我们还与沙特经济和规划部以及资本市场管理局签署了一项三边谅解备忘录，以推动沙特资本市场的可持续发展和实现长期成功。作为这项合作的一部分，我们将共同努力推进沙特的 ESG 标准及 ESG 分类法的制定。

一个关键的里程碑是，沙特 Tadawul 集团与公共投资基金携手创建了区域自愿碳市场交易所，以帮助区域性公司走上净零排放的道路。区域自愿碳市场交易所于 2023 年 6 月在内罗毕举行了第二次拍卖会，这是当时世界上最大的碳拍卖会。除了这些举措，我们还在其他方面加大努力，提高各类投资者对金融市场的了解，如举办以 ESG 为重点的培训、系列网络研讨会及一对一咨询会。

  展望未来，我们将继续努力，在沙特资本市场推动 ESG。作为一家负责任的企业，实现可持续增长对我们的成功至关重要。因此，我们也将持续致力于自身 ESG 战略，以身作则，促进沙特资本市场的可持续发展。

构建中国特色的 ESG
标准体系

推动 ESG 融入中国特色现代资本市场建设

上海证券交易所副总经理

王泊

资本市场是现代金融体系的重要组成部分，充分发挥资本市场功能、更好服务中国式现代化，是中国特色现代资本市场的使命和责任。ESG 代表的环境保护、社会责任与公司治理理念，高度契合中国式现代化的科学内涵和中国特色现代资本市场建设的本质要求。下面从上海证券交易所角度，就推动 ESG 融入中国特色现代资本市场建设、助力高质量发展谈几点认识。

ESG 的核心理念与中国特色现代资本市场发展的要求相通相合

2004 年联合国全球契约组织首次提出 ESG 理念。ESG 倡导的"绿色""可持续发展"等核心思想与我国贯彻"创新、协调、绿色、开放、共享"的新发展理念高度一致。近年来，上海证券交易所的市场建设在贯彻党和国家重大决策部署、顺应经济社会发展需求、体现中国特色的基础上，深入研究 ESG 理念，引导 ESG 实践，注重发挥 ESG 在助力深化资本市场改革方面的积极作用。

一是在投资端，充分发挥 ESG 对提高上市公司质量的推动作用。投资端改革的关键在于提高上市公司质量，只有培育更多优质投资标的，才能吸引更多增量资金入市。ESG 理念契合了提升上市公司五大能力的发展要求，践行 ESG 有助于提升上市公司中长期可持续发展能力，夯实中国特色估值体系的内在基础。证监会《推动提高上市公司质量三年行动方案（2022—2025 年）》将可持续发展信息披露作为提高上市公司质量的重要抓手。2022 年度，沪市有 1 017 家公司单独发布了社会责任报告、ESG 报告或可持续发展报告，数量创出新高，披露率达到 46.8%，反映了沪市的上市公司在不断提升社会价值和公司质量。

二是在融资端，ESG 引领的绿色、可持续融资为实体经济注入新动能。ESG 理念将投资关注点从财务绩效扩展到绿色、可持续发展领域，并通过资本市场的资源配置功能引导社会资本向绿色产业倾斜。上海证券交易所为此提出优化股权融资服务、加快绿色债券发展等行动措施。在股权融资方面，2022 年以来，17 家新能源和节能环保企业在上海证券交易所 IPO，募集资金达 405 亿元。绿色新兴行业公司通过定向增发、发行可转债等方式募集资金超 454 亿元。在债券融资方面，2022 年以来，上海证券交易所支持企业发行绿色公司债、绿色资产支持证券、低碳转型挂钩债券、可持续挂钩债券等共 1 583 亿元。

三是在交易产品端，ESG 理念在引导长期投资、活跃资本市场方面发挥着带动效应。资本市场实践 ESG 理念有助于形成长期投资、价值投资、理性投资的市场文化，引导养老金、保险资金等中长期资金入市。截至 2023 年 8 月末，上证、中证指数已累计发布 ESG 和可持续发展相关股票、债券指数 134 条。一方面聚焦于利用全球主流投资策略进行负面剔除、正面筛选、ESG 整合，形成对标全球的 ESG 基准、ESG 领先、ESG 策略等指数系列；另一方面结合国内情况进行特色指数布局，如以降低碳排放强度为目标的沪深 300 碳中和指数。上海证券交易所积极推动 ESG 相关 ETF 产品上市，已有 40 只 ETF 在上海证券交易所上市，规模超过 500 亿元。

四是在市场宣传方面，ESG 理念正在培育更多关注可持续发展的市场主体。上海证券交易所早在 2008 年就提出了"每股社会贡献值"的概念，相对于传统的"每股收益"概念，从 ESG 视角切入的"每股社会贡献值"更加全面地反映上市公司经济价值和社会价值。中证 800 成分股的每股收益为 0.89 元，而每股社会贡献值能够达到 2.98 元。近年来，上海证券交易所不断强化 ESG 理念的宣传推广，积极培育 ESG 投资者，形成 ESG 信息披露、评价与投资良性互动的市场生态。2022 年，上海证券交易所组织了 600 余场会员合作投教活动，引导市场充分认识绿色投资价值，重视上市公司可持续发展能力和履行社会责任表现。

中国资本市场实践正在不断丰富 ESG 的内涵和标准

在遵循全球共识和规律的基础上，中国特色 ESG 实践和标准也在持续推进。上海证券交易所大力支持上市公司担当主力军，落实绿色转型、低碳发展、乡村振兴等国家战略，不断走实 ESG 的本土道路。

一是脱贫攻坚、乡村振兴成为 ESG 中国实践的新的价值落点。2022 年度，沪市约有 750 家公司深入扶贫一线，投入近 800 亿元，通过资金帮扶、消费帮扶、再贷款等多种举措，多元推进乡村建设。在脱贫攻坚、乡村振兴方面，中国上市公司深入践行以人民为中心的发展思想，进一步丰富了 ESG 的内涵。

二是弘扬企业家精神成为 ESG 中国实践的鲜明标签。一方面，一大批企业家弘扬工匠精神、体现责任担当，通过聚焦实业、做精主业，不断提高核心竞争力；通过专注研发、创新驱动强化产业链短板，维护国家产业链、供应链安全稳定。另一方面，许多企业家立足时代需求，积极回报社会、奉献社会。2022 年沪市上市公司现金分红总额超过 1.7 万亿元，超过 800 家公司通过捐钱捐物、减免租金、志愿者服务等形式参与抗疫工作，支持经济复苏，践行社会责任。

三是"双碳"目标成为 ESG 中国实践的重要突破。上市公司提高能源使用效率、发展绿色金融是推进"双碳"的重要举措。2022 年，超 1 500 家沪市上市公司积极采取减碳措施，并披露碳减排的措施及效果，减少排放超 8 亿吨二氧化碳当量。

四是上海证券交易所在绿色金融国际标准制定中积极贡献中国经验。上海证券交易所作为世界交易所联合会（WFE）可持续工作组副主席，积极牵头工作组相关工作，同时积极参与国际证监会组织碳市场咨询文件、WFE 绿色股票标签等多份文件的反馈。上海证券交易所还将根据中国证监会的统一部署，结合中国上市公司的丰富实践，扎实推进相关制度建设工作，为 ESG 的发展提供中国标准、中国方案。

务实推动 ESG 融入中国特色现代资本市场建设过程

可持续发展具有较强的国别差异特征，必须充分立足于我国的国情，立足于市场和企业的实际情况。习近平总书记在全国生态环境保护大会上强调："我们承诺的'双碳'目标是确定不移的，但达到这一目标的路径和方式、节奏和力度则应该而且必须由我们自己做主，决不受他人左右。"对于国际方面的有益经验，要积极吸收借鉴；对于 ESG 本土化，要注重解决突出问题，更要充分结合中国国情和发展阶段特征，循序渐进推动。

一是 ESG 的本土化要与资本市场投资端、融资端、交易产品端改革紧密结合。2023 年 7 月，中央政治局会议指出"要活跃资本市场，提振投资者信心"，体现了党中央对资本市场的高度重视和殷切期望。上海证券交易所将推动 ESG 最佳中国实践，大力发展 ESG 基金产品和指数供给，研究推出科创板 ESG 等指数，丰富投资标的，积极发挥 ESG 在挖掘企业长期投资价值、提供优质投资产品、提高投资者回报、提振投资者信心方面的积极作用，助力提升资本市场活跃度。

二是 ESG 的本土化要与防范上市公司重大风险紧密结合。ESG 信息反映了企业规避风险和把握机遇的能力，弥补财务信息无法充分揭示的企业潜在风险和不确定性因素，减少信息不对称性。尤其在全面注册制的背景下，ESG 信息有助于提高市场效率，协助投资者更好地筛选优质企业，持续提高市场透明度。要充分理解、借鉴 ESG 的分析方法，引导企业全面评估其生产经营对环境、利益相关者的外部性影响并进行披露，及时揭示潜在的重大风险和问题，防范风险积聚。

三是 ESG 的本土化要与构建中国特色估值体系紧密结合。ESG 投资理念与稳健执中、求真务实、重诺守信的中华优秀传统文化相一致，要探索将 ESG 评价与中国市场实际相结合，与中华优秀传统文化相结合，充分体现市场体制机制、行业产业结构、主体持续发展能力所代表的鲜明中国元素、发展阶段特征，丰富企业价值内涵，纳入乡村振兴、共同富裕等中国特色评价指标，服务中国特色估值体系建设。

上海证券交易所将持续以党的二十大精神为引领，加快构建具有中国特色的 ESG 生态，为中国式现代化建设积极贡献力量。

深交所推动可持续发展市场体系建设

深圳证券交易所副总经理

李辉

当今世界，多重挑战和机遇交织，人类社会现代化进程又一次来到历史的十字路口，如何实现可持续发展成为各国、各界普遍关注的重要议题。坚持可持续发展，加快构建新发展格局，推动经济社会高质量发展，是中国重要的国家战略。下面结合近年来深圳证券交易所在可持续发展方面的工作实践，简要探讨如何以ESG推动高质量发展。

贯彻新发展理念，推进高质量发展是深圳证券交易所重要发展战略

深圳证券交易所始终致力于打造一批符合低碳可持续发展理念的上市公司群体，建设有力服务"双碳"目标的可持续金融规则体系及产品序列，推动形成可持续金融市场生态。

一是推动基础制度改革，支持绿色产业集群化发展。以全面注册制改革为牵引，深入推进发行、上市、交易、退市、再融资、并购重组等制度创新，企业上市标准更多元、上市渠道更通畅、发行定价市场化程度更高，绿色低碳产业借助资本市场平台实现快速发展。目前，深圳证券交易所绿色低碳领域上市公司近300家，累计股权融资超过9 500亿元，总市值约6万亿元，约占深圳证券交易所上市公司总市值的 20%，覆盖新能源、新能源汽车、节能环保等多个行业，涌现出宁德时代、比亚迪等一批行业龙头。相关上市公司整体增长势头迅猛，2023 年上半年营业收入和净利润同比分别增长 25%、16%，为经济实现绿色低碳转型和高质量发展提供了有力支撑。

二是强化信息披露监管，引导上市公司践行 ESG 理念。持续完善 ESG 信息披露规则，促进深圳证券交易所上市公司形成支持生态建设、履行社会责任的共识。建立国证 ESG 评价机制，发布环境信息披露白皮书，推动上市公司积极践行 ESG 理念。2022 年，深圳证券交易所超 2 700 家上市公司在年报中披露社会责任履行情况，1 100 余家披露污染防治、资源节约、生态保护等信息，740 余家公司发布独立的社会责任报告或 ESG 报告，ESG 信息披露质量进一步提升。在联合国关于 G20 国家证券交易所上市公司碳排放总量的统计中，深圳证券交易所上市公司排放总量最低，低碳排名居首。

三是加大金融产品供给，适应多样化投融资需求。紧盯市场主体需求，强化绿色债券、绿色 ETF、绿色 REITs、绿色指数等产品创新，形成一定规模效应和特色亮点。截至 2023 年 8 月底，累计发行绿色公司债券 101 只，规模合计 783 亿元；累计发行绿色资产支持证券 37 只，规模合计 468 亿元；推出 ESG、"碳中和"、光伏、新能源车、锂电池等绿色主题 ETF 35 只，规模合计 215 亿元；上市全国首单清洁能源领域基础设施 REITs；发布涵盖环保、责任、治理等方面的可持续发展指数 52 只，持续引导中长期资金流向可持续发展领域。

四是深化跨境交流合作，积极参与可持续发展领域全球治理。作为联合国可持续证券交易所倡议成员和世界交易所联合会可持续工作组成员，深圳证券交易所持续加强与境内外机构在可持续发展领域的交流合作。支持绿色低碳代表性企业格林美、国轩高科通过发行全球存托凭证（GDR）融资。连续四年举办全球投资者大会，设置可持续投资专题，向国际投资者展示深圳证券交易所可持续发展成效。积极与国际重要交易所就可持续能力建设、绿色产品发展、信息披露规范等开展交流。深圳证券交易所科融通平台经过多年实践，探索形成一套较为成熟的服务境内外早中期创新企业的体系，通过"碳中和"项目路演、可持续行业沙龙等跨境投融资对接活动，促进低碳可持续领域企业和项目对接境内外优质产业和要素资源。

全力打造可持续交易所标杆，更好服务新发展格局构建和高质量发展

可持续交易所内涵丰富，包括支持经济社会可持续发展、促进上市公司可持续发展，以及实现交易所自身可持续发展等多层含义。深圳证券交易所将坚决以党的二十大精神为引领，按照中国证监会统一部署，逐步实现聚集绿色可持续发展企业、创设绿色可持续发展产品、连接绿色可持续金融资本、树立绿色可持续发展品牌、构建绿色可持续发展金融市场生态的战略目标。

一是完善可持续发展规则体系。制定实施深圳证券交易所可持续发展总体战略，建立可持续发展管理组织和决策体制。积极构建具有中国特色的可持续发展信息披露规则体系，分阶段、分步骤、分主体拓展可持续发展信息披露的广度和深度。不断完善ESG评价体系，拓展评价结果应用。此外，探索构建可持续发展信息披露配套激励/约束机制，激发市场主体可持续发展内生动力。

二是丰富可持续发展产品体系。进一步拓展包括债券、基金、指数在内的绿色金融产品，扩大绿色债券规模，推出一批具有代表性的绿色债券创新品种，支持更多低碳领域的基础设施发行REITs

产品，丰富壮大 ESG 主题股票指数、债券指数，以及相关 ETF 产品，探索在绿色债券指数领域的自身特色，持续引导资源向可持续发展领域聚集。

三是优化可持续发展服务体系。建设低碳可持续金融信息平台，研究探索 ESG 相关信息披露工具，为上市公司 ESG 信息披露提供服务，为投资者开展绿色投资提供渠道。加强 ESG 专题投资者教育，积极培育 ESG 投资主体。持续深化可持续金融领域境内外合作，为境内外主体沟通交流搭建更多平台，助力推动全球可持续金融体系建设。

"天不语而四时行，地不语而百物生。"实现可持续发展，既是全人类的共同使命，也是实现高质量发展的必然要求。深圳证券交易所愿与有关各方一道，为经济社会实现更高质量、更加公平、更可持续的发展积极贡献力量。

北交所推动中小企业实现绿色转型

北京证券交易所副总经理

孙立

习近平总书记在党的二十大报告中指出,"积极稳妥推进'双碳'""绿水青山就是金山银山"。当前和今后一个时期,绿色发展是我国发展的重大战略。作为服务创新型中小企业的主阵地,北京证券交易所积极发挥自身作用,推动中小企业树立绿色发展理念,践行社会责任,实现绿色转型。

一是支持中小企业直接融资,积极布局绿色产业。北京证券交易所积极发挥普惠包容特点,满足中小企业小额快速融资需求。截至本书写作时,北京证券交易所218家上市公司累计融资437.68亿元,平均每家融资额2亿元。从募集资金使用上看,八成募集资金投向低碳环保、数字经济、新能源、新材料等绿色创新领域,助力企业实现产能扩张、技术升级、可持续发展能力的提升。

二是持续完善信息披露要求,指导公司加强ESG披露。在北京证券交易所上市申报过程中,强化环境信息披露要求,并在上市规则中专设社会责任章节,要求上市公司积极承担社会责任,维护公众利益。组织开展信息披露专题培训,提升上市公司ESG披露质量。2023年,北京证券交易所上市公司在年报中均披露了社会责任履行情况,并有多家公司主动披露了ESG报告。

三是践行可持续发展理念,引导公司履行社会责任。北京证券交易所已有超过10%的公司从事清洁能源、绿色环保、绿色服务等相关产业,富士达等多家公司获评国家级绿色工厂,通过光伏发电、设备改造等方式节能减排,为"双碳"目标的实现贡献了中小企业力量。此外,北京证券交易所上市公司还积极履行社会责任,提供就业岗位达14.75万个,通过产业助农、定点帮扶、公益捐赠等方式积极投身脱贫攻坚成果巩固工作,为乡村振兴蓄力。

四是加强持续监督,督促企业完善公司治理。北京证券交易所上市的中小企业占比超八成,经过公开发行后,公司治理机制和治理意识明显提升。三会一层[①]各司其职,重要事项的中小股东单独计票、网络投票、累计投票等制度的积极效应逐步显现,越来越多的中小股东积极参与公司治理,督促上市公司可持续经营发展。

立足新发展阶段,北京证券交易所将积极落实党中央、国务院决策部署和证监会《关于高质量建设北京证券交易所的意见》的要求,持续构建契合中小企业特点的基础制度体系,探索形成资本市场服务中小企业的中国模式,打造符合可持续发展理念的高质量上市公司群体。

一是支持符合绿色低碳发展要求的创新型中小企业上市。北京证券交易所将围绕绿色低碳、节能环保、数字经济等重点行业支持主营业务突出、竞争力强、成长性好的创新型中小企业上市融资,优化连续挂牌满12个月的执行标准,允许符合条件的优质中小企业首次公开发行并在北京证券交易所上市。为不同类型、不同发展阶段的企业提供更加包容的上市条件,推动创新链、产业链、资金链、人才链的深度融合。

二是研究建立ESG信息披露制度,推进绿色金融产品创新。

[①] 三会一层是指股东大会、董事会、监事会和高级管理层。——编者注

北京证券交易所将围绕上市公司实现"双碳"减排的发展目标，积极探索绿色金融发展路径，研究制定符合中小企业特点的 ESG 信息披露规则，进一步规范上市公司在节能环保、社会责任、公司治理等方面的信息披露内容和要求，提高披露数据的可读性和有效性，重点关注上市公司环境污染碳排放等披露情况，推动企业可持续发展。同时不断探索契合市场特点的绿色债券、资产支持债券等产品，积极打造绿色金融市场体系。

三是加快优化制度安排，鼓励"投早""投小""投绿"。随着国家绿色低碳战略提出，越来越多的长期基金积极参与 ESG 投资实践，成为推动企业转型升级实现可持续发展的重要力量。北京证券交易所将大力推进投资端建设，引导公募基金增加对北京证券交易所上市公司的投资，发挥做市商和融资融券等制度功能，提升市场活跃度。激励并引导社会资金进入绿色行业，允许私募股权基金通过二级市场增持其持有的北京证券交易所上市公司股票，充分发挥交易所的资源配置功能，更好支持绿色经济发展。

当下，美丽中国建设正迈出新步伐，绿色发展的画卷不断呈现新精彩。北京证券交易所将充分发挥市场主阵地的功能，加快提升市场建设成效，推动创新型中小企业深入贯彻落实新发展理念并积极进行绿色转型，为推动高质量发展贡献力量。

立足中国放眼全球，构建具有中国特色的ESG体系

汇添富基金董事长，上海资产管理协会会长

李文

ESG在全球快速发展，在中国方兴未艾。近年来，ESG投资在全球范围内实现了快速发展。根据UN PRI统计，截至2023年6月末，已有超过5 300家机构签署了UN PRI原则，旗下管理资产规模超过120万亿美元。尤其在欧美等较为成熟的市场，ESG投资已成为主流的投资理念和策略，并呈现出以下四方面特点。

一是披露强制化。监管部门对上市公司的ESG披露要求正呈现出从自愿到强制，从局部到全面的趋势。

二是投资规范化。包括公募和私募在内的国际资管机构均将ESG因素纳入投资决策环节，并逐步建立起更加规范和标准化的制度流程。

三是评价标准化。国际主要评级机构正不断完善ESG评价标准，持续提升评价的全面性和科学性，并积极开展对ESG投资回报的量化分析。

四是客户主动化。越来越多的养老金和机构投资者，以及个人投资者积极拥抱ESG理念，主动投资ESG产品，成为驱动ESG发展的最主要因素。

我国的ESG责任投资虽然起步较晚，但伴随我国绿色金融体

系持续健全完善，人民币国际化进程加速向前，央行、证监会等监管机构的相关政策陆续出台，ESG正日益成为推动我国经济社会高质量发展的重要力量。

一是助力践行绿色发展理念。推动实现国家"双碳"目标，促进经济社会可持续发展。

二是助力实施全面注册制。完善信息披露体系，真实、全面衡量企业价值，推动中国特色估值体系建设和资本市场高质量发展。

三是助力打造专业长期的机构投资者。践行负责任投资理念，提升投资回报率和投资者获得感。

四是助力推动企业合规经营和创新发展。降低融资成本，提高上市公司质量和品牌形象。

发展ESG既要放眼全球，也要立足中国。需要强调的是，ESG投资在中国的兴起发展，并非对海外成熟市场模式的照搬照抄。

ESG不仅是一项责任投资理念，也是一种社会发展观念，它与中华优秀传统文化中"天人合一""以人为本""天下大同"等思想深度契合。在以高质量发展推动中国式现代化的进程中，我们一方面要积极借鉴国际主流的ESG框架和标准，另一方面也要充分结合我国自身发展阶段、发展基础和发展机制，建立具有中国特色的ESG体系。

比如，在环境方面，我国积极应对气候变化，制定并落实"双碳"目标，已成为全球绿色低碳转型的重要力量；在社会方面，我国全力推进脱贫攻坚和乡村振兴，着力保障和改善民生，致力于实现全社会共同富裕；在公司治理方面，我国坚持把党的领导与公司治理有机融合，充分发挥国有企业的优势，实现经济功能和社会功能的有机统一。这些都应成为我国ESG框架和指标中反映中国式现代化的鲜明特征。

作为国内的一流资产管理机构，汇添富基金在ESG投资方面始终走在行业前列，是 ESG 投资的倡导者、先行者和推动者。在长期实践中，汇添富坚持立足中国国情，借鉴国际经验，在 ESG 投资实践中形成了系统化、主动化和特色化三大特点。

一是打造系统化的 ESG 投资管理体系。汇添富从战略、制度、组织等多个方面系统化打造 ESG 投资管理体系，将"打造负责任投资原则下的新一代投资体系"确定为公司战略，搭建了完善的 ESG 制度框架体系，并将 ESG 评价体系嵌入投研流程。同时，公司成立了 ESG 责任投资决策委员会，与公募、专户、社保等委员会独立并行。此外，公司还持续推进 ESG 投资平台建设，并将其纳入公司智能投研 IT 系统。

二是推行主动化的上市公司 ESG 改进。汇添富早在 2008 年便加入亚洲公司治理协会（ACGA），此后又先后加入 UN PRI 和"气候行动 100＋"组织，积极通过"用手投票"的方式，以股东身份主动参与被投企业的公司治理，帮助被投企业推进 ESG 改善。同时，汇添富还将 ESG 股东参与融入研究员日常与上市公司的接触，并积极引入外部上市公司投资决策服务机构，完善上市公司投票管理，推动提升上市公司治理水平。

三是构建特色化的 ESG 评价指标体系。在积极借鉴国际经验的基础上，汇添富充分考虑我国国情，针对制度政策差异、资本市场发育程度不同、上市公司发展阶段不同等实际情况，探索构建特色化的评价指标体系。汇添富整合了国际国内多方数据源，并对市场上的 ESG 数据进行二次挖掘与补充完善，形成独立自主的 ESG 数据库，目前已完成对 A 股和港股市场所有重点上市公司进行 ESG 评价并持续动态更新。此外，汇添富还与国际机构合作，开发了具有自身特色的气候转型分析模型，在业内率先实现了投资组合层面的碳减排测算与建议方案。

ESG 发展之路任重道远，需要各方合力同行。虽然我们在 ESG

投资中做了大量积极有效的探索，但也要清醒地认识到，我国ESG投资仍处于发展的初级阶段，未来的发展之路依然任重道远。各方需要加强合作，共同打造ESG投资的生态圈。

一是充分发挥机构投资者在ESG投资中的主力军作用。以公募基金为代表的机构投资者应成为心系"国之大者"的践行者，履行ESG责任，积极参与上市公司治理，持续完善ESG投研体系，加快ESG投研团队建设和信息系统建设，真正践行ESG投资理念，发挥专业机构投资者的作用。

二是积极推动养老金成为ESG发展的核心力量。ESG投资理念充分匹配养老金的长期属性和社会属性，欧美市场的养老金正是推动ESG全球发展的重要力量。我们认为，以个人养老金为代表的长期资金，应积极树立ESG投资理念，发挥资金方的遴选功能，加强对养老金管理人在ESG投资方面的考察评估。推动践行ESG投资，提升ESG投资绩效，进而引导更多的投资者尤其是年轻投资者了解和树立ESG投资理念，为ESG的发展构建更加广泛的客户基础。

三是携手打造具有中国特色的ESG生态圈。ESG投资是一项长期性、系统性工程，需要汇聚包括政府监管、上市公司、评级机构、资产管理行业等社会各方力量，助力加快构建兼具国际水准和中国特色的ESG投资制度框架和评价体系，持续完善ESG相关的产品供给和投资能力，积极推动ESG理念的普及教育。ESG全球领导者大会落地上海，就是各方携手共同打造的一个良性发展的ESG生态圈，是助力上海建设全球资管中心和国际绿色金融枢纽的又一典范。

民族的就是世界的：ESG 的评价标准和应用

晨星（中国）总经理

冯文

晨星是全球主要的投资研究机构和权威的评级机构之一，其创始人是 ISSB 的 14 名理事之一。基于晨星自身在 ESG 评价领域的实践，下面主要浅析关于 ESG 的评价标准和应用。

谈到 ESG 评价标准，绕不开的是本土化和国际化的争论点。我认为，现在应该做的不是强调国际标准的本土化，而是中国实践的国际化。从这个角度上来说，标题"民族的就是世界的"，背后蕴藏的意义在于 ESG 和可持续发展需要全人类以及各个国家的共同努力。

为实现这个理念，我的第一个观点是，中国的各个利益相关方和国际的各个利益相关方应该密切合作。在这里有一个例子，一部很热门的电影叫作《长安三万里》，以唐朝伟大诗人李白和高适的一生描述了当时的壮丽画卷。里面有很多关于舞蹈的描写，不但有中原本土的舞蹈，还有胡旋舞、柘枝舞，如果问唐朝的祖先究竟是本土化还是国际化重要，答案很明确，他们一定不会说我们要做好本土化。

第二个观点涉及一个问题——ESG 究竟是不是舶来品？很多人可能认为，ESG 最早由联合国全球契约组织于 2004 年的一份报告提出，ESG 肯定是舶来品。实际上 ESG 的理论基础是利益相关者理论，它是现代公司治理范式的根本变革，公司存在的目的从最大化股东利益，到为所有利益相关方创造价值。

2010 年，我在麻省理工学院攻读博士学位最后一年的博士论文题目便是利益相关者理论。有位美国弗吉尼亚大学的教授，他也是利益相关者理论的创始人，我常常找他聊天。有一天我问他，您在 1984 年提出利益相关者理论，最初的想法是什么？他说利益相关者理论不是一个管理学理论，而是一个哲学的范畴，他的思想来自中国的"天人合一"和"和谐社会"。他是一个地地道道的美国人，但是他说这 8 个字的时候用的是汉语，所以 ESG 是不是根植于我们传统和文化里面的东西呢？中国古代包括现代很多读书人的最高理想，可以用张载的四句话来概括。为天地立心，即"E"的维度；为生民立命，即"S"的维度；为往圣继绝学，为万世开太平，即"G"的维度，连顺序都与 ESG 的理念是完全一致的。

我们一定要有文化自信，才能处理好在中国怎么推行 ESG 的问题，才能处理好把中国实践上升到国际标准的问题。我们不是把国际标准本土化，非要强调我们的不同，我们要和而不同，我们要推动把中国实践，尤其是共同富裕、绿水青山就是金山银山等理念纳入评级机构关注的主要议题。所以，ESG 不是舶来品，而是根植于我们优秀传统文化中的东西，从这个角度出发，我们应该站在更自信、更公平、更多元的角度与世界各个利益相关方探讨 ESG 投资和试点的发展。

作为评级机构，我们在 ESG 生态中起到的作用是，建设基础设施，提供评价标准。晨星最大的愿景是，能够成为中国和国外资本市场互联互通的桥梁。这个评价标准既要得到国际投资者和国际资本市场的承认，又要基于晨星与中国本土的评级公司的合作，在标准上有所趋同，这样才在中国和国际资本市场间建立了很强的联系。今天很多嘉宾提到为什么ESG在中国很重要，因为ESG与中国的"双碳"目标高度绑定。

从评级机构的角度来说，评级不是目的，评级是为了跟投资者更好地对话，为企业和投资者提供交流的工具，让大家能够在ESG实践的道路上取得更多实质性成效。

引用英国诗人的一段话："没有人是一座孤岛。"也正如海明威的小说所写："每个人的消亡都让我受到损失，因为我孕育在整个人类之中，所以不要问警钟为谁而鸣，警钟为你鸣。"

碳核算方法的发展

资产组合碳核算方法与应用

中国责任投资论坛理事长，商道融绿董事长
郭沛源

资产组合碳核算的重要性

所谓资产组合碳核算，顾名思义，即核算资产组合的碳排放情况，可以是总量数据，也可以是强度数据，是衡量组合是高碳还是低碳资产的关键指标，也可称为资产碳足迹。这里所说的资产组合是广义的，对银行来说，主要是信贷资产；对资管来说，主要是所持有的权益类和固收类资产。

资产组合碳核算的重要性体现在两个方面。第一，它是金融机构低碳转型的关键衡量指标。对金融机构来说，低碳转型的关键不是运营"碳中和"，而是资产"碳中和"。如果用范围来划分，金融机构低碳转型的关键不是范围1和范围2，而是范围3中的融资活动排放，即资产组合碳排放。因此，金融机构要实现"碳中和"，归根到底是金融机构的资产要实现"碳中和"；所以金融机构必须有一个衡量指标，实时掌握资产组合碳排放是多少？距离"碳中和"有多远？第二，它可以帮助金融机构满足日益提升的气候相关信息披露的要求，如 TCFD（IFRS S2）里提到的情景分析、指标和目标披露，都与资产组合碳核算有关。

如何核算资产组合碳排放

那么，我们应该如何核算资产组合的碳排放？从大的方面说，要计算各资产的碳排放再加总。对银行来说，就是信贷客户等企业的碳排放，对资管来说，就是股票和债券发行人等企业的碳排放。然后根据归因因子，计算归属金融机构的碳排放。这个归因因子，就是金融机构通过贷款、投资等行为在企业总的碳排放中应承担的碳排放责任占比。

相对来说，归因因子不难算。碳核算金融合作伙伴关系（PCAF）也有比较明确的原则和公式。难点主要在于计算信贷客户和股票、债券发行人的碳排放。特别是对银行来说，面对数以万计的客户，银行是不可能逐个收集和核算客户的碳排放的。

如何核算？商道融绿用以下三种方法。

一是直接用企业披露的碳排放数据。有些上市公司披露了碳排放数据，一般情况下这些内部计算的数据比外部估算要更准确，所以是首选。根据商道融绿《A股上市公司ESG评级分析报告2023》，2023年在构成中证800的公司中，有45%的公司披露其碳排放数据，较2022年增长了35%，但绝对数量还是比较少，全A股中只有636家上市公司披露其碳排放数据。

二是用企业经济活动数据来推算。商道融绿研究了不同类型企业的特点，开发了企业排放推算模型，可以根据企业所处行业及经济活动数据（如能源消耗、产品产量、员工人数等）推算企业排放。这些经济活动数据往往在企业财务报表中就有，银行和资管可以方便获得。

三是用均值因子来估算。如果无法获得企业经济活动数据，我们也可以通过均值因子来估算。商道融绿基于公开数据和自研模型，形成多种均值因子，结合企业所在地区、所属行业及自身规模来估算企业的碳排放。

　　以上三种方法互为补充。从数据可靠性来看，优先用第一种，然后是第二种和第三种；从数据易得性来看，第三种是最容易实现的，其次是第二种，再次是第一种。在实际核算工作中，应该根据具体条件和要求，将三种方法灵活搭配运用。

　　目前，商道融绿把数据和核算方法整合为"PANDA 碳中和数据平台"，支持银行、基金和券商核算资产组合碳排放。譬如上海农商银行在 2023 年 6 月发布的《环境信息披露报告（TCFD）报告》中，就用商道融绿的方法核算和披露了表内对公贷款的碳排放。结果显示，在上海农商银行的贷款中，2022 年高碳行业碳排放总量为 889 529.38 吨二氧化碳当量，碳排放强度为 219.05 吨二氧化碳当量/百万元，较 2021 年高碳行业贷款碳排放强度下降 10.39%。

如何应用资产组合碳排放数据

　　有了资产组合碳排放的数据，金融机构可以了解资产负债表中高碳资产和低碳资产的相对比例和大体分布，评估暴露在气候风险中的资产价值。在实践中，我们可以用气候风险价值（CVaR）来衡量风险暴露的程度。这些数据还可以支持金融机构拟定从高碳向低碳转型的路径，一般应该从排放高、规模大、回报低的资产开始着手调整。

　　一直以来，对上述方法和应用的担忧和质疑也有不少，质疑的焦点在于数据是否准确。我认为我们应该对此有一个客观的认识。对碳排放的核算，无论是企业层面还是资产组合层面，大多是计算的结果，而非仪器监测的结果，只要是计算，就会有一些假设、一些推算、一些估算，这是难以避免的。

　　另外，企业层面的碳核算和资产组合层面的碳核算有本质区别。如果打个比方，前者类似放大镜原理，后者类似热成像仪原理。我们计算企业碳排放，就好像拿着放大镜去观测企业，采集企业内部信息，如采购的化石能源、消耗的电力等，越具体、越清楚越好。我们计算资产组合碳排放，则好像拿着热成像仪去给资产中的全部企业做一个"大合照"，从碳排放的视角来识别资产组合中数百、数千乃至数万家企业的热度，这个"大合照"可以让观测者看到组合中冷热分布和构成的大致情况，识别出要做工作的"热点区域（组合）"。

因此，热成像仪的主要价值是快速扫描和识别，要看到的是整体效果。决定"大合照"质量的，是所有像素构成的图片，而不是单个像素。只要像素的形成在统计意义上合理，某个像素或某几个像素出现异常，是不会对"大合照"质量产生重大损害的。当然，如果每个像素都能更清晰，"大合照"的质量（分辨率）也会更高，这是一个技术进步的过程。

总之，我们认为资产组合碳核算是金融机构低碳转型的关键衡量指标，金融机构都应该核算资产组合层面的碳排放和碳强度，制定合理的转型路径和时间表。

ESG 评级机构的
实践与趋势

ESG 市场的最新趋势及挑战

惠誉集团总裁兼首席执行官

保罗·泰勒（Paul Taylor）

我们欣喜地看到，在中国政府对可持续转型发展的积极倡导下，绿色金融在中国市场取得了长足的发展。与此同时，随着全球范围内监管制度的完善，与 ESG 相关的投资也处在一个令人振奋的节点。ISSB 推出了气候相关披露准则。随着这些准则逐渐被企业采纳，就能保证更加统一、质量更高的信息进入市场。

下面我想分享惠誉对 ESG 市场最新趋势的一些观察，包括市场中面临的挑战以及惠誉如何通过评级和分析产品应对这些挑战，以帮助市场参与者达成他们的目标。

ESG 的变革力量

ESG 在金融领域的发展堪称一场变革。尽管经济环境挑战重重，但是我们看到，发行人正不断将 ESG 纳入其业务模式，而所有资产类别的投资者对可持续投资产品的需求也在增加，相关市场不断扩容。例如，2023 年第二季度，全球贴标债券的总体发行规模突破了 2 200 亿美元。中国境内的绿色债券市场在 2023 年上半年也稳步增长，而随着国内市场标准与国际规范的进一步统一，债券质量也在不断提高。贴标债券市场的繁荣表明，企业采用 ESG 原则和指标进行筹资和可持续发展转型的趋势在继续深入。许多资产所有者和管理者也在调整自己的投资策略及指引来支持企业实现可持续愿景。

然而，与任何重大变革一样，ESG 转型的道路也充满挑战。全球不同司法辖区的 ESG 监管框架各不相同，全球性机构要做到应对自如绝非易事。而通胀、地缘政治和需求不稳定这样的宏观经济不确定性因素，也会影响投资者对可持续投资的情绪。另外，在实际操作层面上的挑战，例如数据可用性和数据质量等问题，不仅会影响评估的准确性，还会影响对不同投资组合或基准横向比较的结果，从而引发诸如"漂绿"等风险，出现可持续发展目标与执行不相匹配的情况。

以精准分析助力 ESG 市场发展

惠誉致力于协助发行人、投资者和其他市场参与者应对上述挑战。我们始终与各个层面的利益相关方保持联系，倾听他们的想法，从而开发解决方案，为 ESG 市场提供更清晰的分析。

为满足内部需求，惠誉于 2019 年推出了一项名为 ESG 相关度评分的产品。这项针对信用评级的 ESG 产品可以帮助投资者快速识别不同行业的 ESG 风险隐患。

另外，惠誉在企业信用评级中推出甄别气候相关风险的气候脆弱度信号。该产品按照年份出具一系列分数，直至 2050 年。投资者可以比较处于不同转型阶段的行业和评级主体面对气候变化的相对脆弱性。

积极响应日益增长的市场需求

惠誉不断拓展其 ESG 产品及服务。2021 年，惠誉常青成立，在全球范围内，为所有资产类别提供完整的，既适用于发债主体又适用于债务工具的 ESG 评级产品。针对可持续债券和贷款，惠誉常青提供"第二方意见"（SPO）来评估债务工具的框架与公认的市场原则的一致性，特别是与全球认可的国际资本市场协会（ICMA）的指导原则的一致性。

然而，要真正理解可持续性，评估便不能仅限于对框架一致性的考量，而是要考虑现有业务活动、募集资金用途、转型战略、关键绩效指标定义与跟踪等因素的相互作用或权重比较。目前，许多数据供应商都无法满足这一需求。再加之数据监测范围的不统一性，投资者在衡量评级主体或工具层面的实际 ESG 影响力和绩效时面临极大的挑战，可能受到支持"漂绿"的责难。

为此，惠誉常青结合常驻不同市场分析师的洞察，推出了 ESG 评分和评级。该产品适用所有资产类别，既可以为发行主体，也可以为债务工具提供评级和评分，稳健且具可比性，无论其是否持有信用评级。惠誉常青已获中国香港金融管理局和新加坡金融管理局的认可，正式成为两地分别发起的"绿色和可持续金融资助计划"及"绿色和可持续挂钩贷款津贴计划"的外部评审机构。

中国 ESG 市场动态

中国在推动全球可持续金融体系健康发展上发挥着重要的作用。尽管面临利率上升、多国通胀加剧等诸多挑战，中国的境外绿债发行在经历了 2022 年下半年的回落后，正在逐步恢复。受益于政府发力绿色金融的各项举措，中国境内绿色债券市场正稳步增长。

随着中国进一步开放国内资本市场，国内绿色债券标准也在逐渐与国际标准接轨。中国证监会和央行指导发布的新的《中国绿色债券原则》，要求绿色债券募集资金需 100% 用于符合条件的绿色项目，这一要求加大了以绿色债券收益补贴扶持境内绿色项目的力度。

共建全球可持续经济

未来，我们将继续与发行人、投资者和其他市场参与者密切协作，竭诚为中国、亚太地区及全球市场提供服务。我们深信，惠誉在支持 ESG 金融实践的推进方面大有可为，而 ESG 原则的广泛采用和发展也必将惠泽未来人类社会的方方面面。

可持续金融领域的主要发展

彭博可持续金融解决方案全球负责人

帕特丽夏·托雷斯（Patricia Torres）

为应对气候变化，人类需采取有力举措，减少全球温室气体排放及森林砍伐，并在 10 年内大幅增加绿色投资。全球金融业已清楚地意识到迫在眉睫的气候危机所带来的风险。气候风险会导致金融风险，企业要么需要适应与气候变化相关的严重天气影响，如海平面上升、热浪、干旱等，要么需要通过使用清洁能源缓解气候变化。由于气候变化带来的自然灾害越来越频繁，破坏性越来越大，成本越来越高，美国大型保险公司正在撤出加利福尼亚和佛罗里达等市场。

这也是为什么各国政府、企业和机构投资者都在做出承诺，推动实现《巴黎协定》目标，将全球温度上升控制在 1.5℃ 以内。为实现这一目标，我们需做出大量调整，各经济体需要在 2030 年之前，将全球碳排放量减半，并在 2050 年左右进一步实现净零排放。这当中也存在许多机会。2023 年，全球气候与经济委员会发表报告指出，净零转型是一个重要的投资和创造就业的机会，到 2030 年将带来 26 万亿美元的直接经济收益。

然而，对机构投资者而言，气候和可持续发展投资中也存在着多种复杂挑战。第一，大家对 ESG 投资的真正含义，以及如何计算可持续投资在基金中的占比缺乏共识。第二，对于如何有效衡量和量化企业在实际中面临的影响和风险，也未达成广泛共识。第三，缺乏全球广泛采用的可持续发展框架来管理 ESG 等可持续数据披露，这使得金融业很难获得具有可比性的、可靠的数据。与此同时，投资公司面临着客户对 ESG 产品日益增长的需求、对"漂绿"行为的担忧，以及越来越严格的可持续金融监管要求。

基于上述原因，机构投资者在进行投资决策时不再仅仅关注财务数据，还需要了解企业如何管理气候风险及如何调整商业战略，以在低碳经济中取得成功。机构投资者正在研究各企业的转型计划、目标的可信度，以及与现有政策基准的一致性，比如是否符合央行与监管机构绿色金融网络（NGFS）的净零情景，是否符合《巴黎协定》的基准情景。

然而，以气候数据为例，现阶段气候数据非常匮乏，且企业提供的数据质量也存在问题，如企业直接与间接温室气体排放量，预计短期、中期和长期的温室气体排放量等。投资者需要温室气体排放数据，才能计算基金的碳足迹、隐含升温或预期去碳化路径，以做出正确的投资决策。投资者还需要企业提供更多、更高质量的数据，以评估企业将如何受到气候风险影响，包括针对极端天气事件造成的物理风险的情景分析，转型风险分析，是否有政府支持的绿色能源计划，清洁科技领域是否有创新风险的分析等。

但更重要的是，这些数据可以帮助各类投资者发现投资机会。机构投资者需要能够串联起各个数据信息点进行综合分析，需要一个全面的图景让他们能够根据自己的可持续发展目标，准确地评估投资机会。

许多新的监管法规都要求投资公司在其投资活动中考虑可持续发展因素，作为一种应对气候变化的手段，比如《欧盟可持续金融分类法》，以及正在制定的《英国绿色分类法》。虽然监管法规带来了合规负担，但也为投资者明确了什么是可持续投资，并可以更直接地比较投资机会。彭博推出的欧盟可持续分类标准，对5万多家企业的资质进行评估，并分别评估和报告了15 000家公司的行为是否符合法规，帮助希望在欧洲购买基金但投资组合来自全球各地的投资者评估其基金是否符合欧盟可持续分类标准。2022年，彭博还推出了政府气候评分，帮助投资者了解某个国家的未来排放，以及与其他国家相比该国在低碳转型、电力行业转型和气候政策方面的表现。

受2022年欧洲能源危机、美国《通胀削减法案》的影响，以及中国为实现气候目标所做努力的推动，全球可再生能源装置的年装机增长量有望创下新高，中国对全球能源转型的贡献正日益凸显。彭博新能源财经研究团队数据显示，2023年上半年，中国可再生能源投资再次位居全球首位，太阳能发电装置装机量相比2022年增长154%。目前，中国太阳能发电占总发电量的17%，已超过水电，成为仅次于煤炭的第二大电力来源。这种趋势可以从沪深300指数的构成中看出，较2021年仅7家相比，2023年指数中已有20家公司属于可再生能源行业。在达到欧盟可持续分类标准规定的气候减缓监管要求方面，中国领先于欧洲，按照与标准的一致性考量，中国股市已经接近6.8%，而欧洲仅为2.7%。

尽管做出了这些努力，全球仍未完全走上净零轨道，这还需要比目前多4倍的投资。要想有所改变，机构投资者必须采取行动，当投资者拥有可以信赖的数据时，他们就会开始行动。数据的透明度、质量、覆盖面，以及符合监管要求，是我们能为投资界提供的最重要的价值驱动因素。

面向全球机构投资者的 ESG 数据与风险分析工具

MSCI ESG 与气候研究部亚太区主管

王晓书

MSCI 在资本市场上扮演着数据和分析工具提供商的角色,为全球机构投资者提供指数风险分析工具,包括 ESG 评级、气候研究模型、房地产与私募领域数据,以支持全球专业机构投资者更好地进行投资决策。在中国市场,我们也致力于推动中国金融市场的高质量对外开放,希望起到连接中国上市公司与全球机构投资者的桥梁作用。在 ESG 领域,我们开展了 ESG 评级以及气候相关的一系列研究,希望更好地支持国内外金融机构在责任投资、可持续投资的过程中获得更多的数据,并增加透明度。2023 年 9 月,MSCI 在全球宣布成立可持续发展中心,希望利用 MSCI 在投资界的经验,推动金融机构、政府学界、智库和行业间的协作。

聚焦中国,晨星(中国)总经理冯文在本书中谈到了 ESG 概念与中华优秀传统文化的关联,我想更多强调的是 ESG 与现阶段中国高质量发展转型的实践也紧密相连。近几年中国经济逐渐过渡到高质量发展的转型期,注重经济增长的质量与效益,在产业结构优化的同时,强调技术创新,强调人类资源的发展、社会公平、环境保护与经济发展之间的协同,这与 ESG 和绿色发展理念不谋而合,绿色理念是助力中国实现高质量发展和经济转型的重要推动力。

也许有些企业还认为 ESG、"碳中和"、绿色发展这些议题只是花钱的面子工程，仅仅是公关和市场部的职能，殊不知越来越多的国内外领先企业已经开始思考将管理 ESG 和气候风险，识别相关的机遇融入企业战略，尤其是促使企业 ESG 战略成为未来高质量、可持续发展的核心竞争力。

这里有两个例子。其一，气候变化是目前全球最受投资者关注的可持续议题，全球和中国经济低碳转型所带来的可能并不仅是新能源替代传统能源这样简单的对某个行业的转型替代，它带来的可能是社会生产方式和生活方式的全方位变化，既需要新能源节能减排、低碳运输、资源循环利用等各个领域的产品创新和科技突破，也需要庞大的资金支持新技术、核心产品的研发。MSCI 认为，气候变化将带来工业革命以来最大的全球经济模式的重建。

工业革命是资源配置从农业向工业转移的过程，各国竞相建造起最长的铁路网、最大的熔炉等，开启了化石燃料时代。而应对气候变化，需要在有限的时间范围内实现全球经济的脱碳，需要类似的重新配置资源过程以使资本建立起净零的经济模式，这需要新技术的突破和生产方式的创新，其中蕴含着巨大的转型机遇，但转型落后的企业也会面临风险。在这个过程中，我们看到中国在太阳能电池板价值链的多个环节上已经占据了主要枢纽位置，供应链的协同实现了光伏发电成本的大幅度下降。除了在全球太阳能电池板的生产环节占据重要地位，在风能领域，中国也是全球增长最快的市场，风电相关的供应链、设备制造及相关专利日益增多，都为中国经济转型和能源结构转型提供了很好的范例。

其二，在过去几年，我们见证了中国新能源汽车产业的爆发式增长和对传统燃油汽车产业的冲击，这一转型也展示了绿色发展如何能让企业开拓新的赛道、带来全新的增长方式，而这仅仅是一个开始。正如前文所述，解决全球气候和环境问题具有紧迫性，各个领域都需要出现技术和商业模式的颠覆性创新。像碳去除技术、碳捕获技术等都出现了非常多的新兴试点和创新，这些创新将改变我们的生活。

从生物多样性和森林保护的角度，在国家层面上，我们可以看到我国的立法日益严格，为企业运营划定了生态红线；在国际层面上，根据欧洲新的立法规定，欧盟将不会接受2019年年底以后在遭受毁林的土地上生产或者产出的产品，这一举措意在减少毁林行为，并显著增加对欧盟市场有敞口的公司的监管压力。棕榈油、大豆、木柴、牛肉等都为毁林的主要产业，同时像汽车皮革座椅、服装用橡胶、印刷制品等产业也可能受到影响，需要相关生产商和经销商采取行动。

上述案例展示出气候变化和生物多样性等非财务因子对企业长期、可持续发展和财务方面的影响日益凸显，无论是从机遇把握，还是从风险控制的角度都不容忽视。企业的绿色发展和转型离不开金融领域的支持，MSCI认为，ESG和气候因素将显著影响金融市场定价及投资的风险回报，并在未来几十年当中带来大规模的资本重新配置。

从全球看，我们也观察到可持续投资、ESG投资的主流化趋势，越来越多的大型机构投资者将对ESG的考量纳入投资决策过程。一方面，越来越多的案例、数据积累和实证研究让大型的金融机构认识到ESG因子对于企业财务稳定性、盈利能力的影响，进而影响金融机构的投资回报。因此，越来越多的全球大型机构投资者制定了自身的ESG投资政策，在全球化的资产配置中尤为重视其组合中的公司对环境和社会带来的影响。尤其是在对新兴市场进行投资时，ESG数据可以给机构投资者提供新的角度，全面评估投资目标公司的财务健康程度。另一方面，在以欧盟为代表的一些市场中，ESG也已经成为政府引导资本、支持经济可持续发展和改革的重要工具。欧盟政府在构建支持可持续发展的金融体系上打出了一套组合拳，一是出台非财务信息披露指令，强化企业端ESG信息披露；二是推行《欧盟可持续金融分类法》《欧盟绿色债券标准》，为机构投资者和银行筛选可持续的经济活动提供技术标准；三是推出《可持续金融披露条例》《欧盟ESG气候披露标准》等要求，着重提升金融产品和投资基准可持续表现的透明度。

聚焦我国，央行于2021年发布了《绿色债券支持项目目录（2021年版）》，为绿色项目投融资活动提供科学的标准依据。同年，央行推出了碳减排支持工具，通过向金融机构提供专项基金，支持金融机构面向碳减排重点领域的各类企业提供低成本贷款。

这些都是非常好的趋势，推动ESG不断发展。当然，机构投资者的绿色金融实践和ESG投资也离不开数据支持，MSCI在推动投资中，为资本市场提供透明度和投资决策的各类工具。例如，为投资者提供ESG评级、研究和数据，从财务重要性的角度看待各类ESG议题，选取重要的议题纳入评估，帮助投资者更好识别可持续实践的领先者。与此同时，MSCI也积极地与上市公司开展沟通，通过沟通平台为被评估的上市公司提供透明的方法论，帮助上市公司更好地理解我们的评级模型和框架并根据框架优化ESG信息披露。我们也希望将中国上市公司的绿色实践转化为国际投资者可以理解的语言，起到连接中国上市公司与全球投资者的作用。

中国公司的ESG表现和披露质量正在不断提升，我们也欣喜地看到中国部分优秀的上市公司，逐渐成为全球ESG实践的领先者。在这样的基础上，MSCI根据评级构建了上千个ESG指数，越来越多的机构投资者会跟踪或对标MSCI ESG与气候指数进行投资。截至2022年年底，跟踪或对标MSCI ESG与气候指数的资产规模大约有6 640亿美元，其中包括基于MSCI ESG指数发行的各类上市交易的 ETF 产品，以及一些大型资产所有者（主权基金、养老基金和保险资金等）被动配置或者对标投资 MSCI ESG 指数的资金。

与此同时，随着气候变化和"碳中和"议题日益受到关注，MSCI 也推出了融资碳排放核算工具、气候风险情景分析模型工具，支持投资者和银行衡量与应对监管机构对金融投融资、气候风险管理的披露要求，这些积极的发展预示着支持绿色发展的金融体系和生态逐渐正在建立，包括监管机构、企业、金融机构，还有专业的 ESG 数据和服务提供商。这样一个生态的建立，有助于企业绿色实践理念落地，为未来的高质量发展注入新的动能。

我国经济结构的优化，包括"碳中和"、共同富裕等目标的实现不是一蹴而就的，需要政府、金融机构、企业以及社会各界的长期协作与努力，通过政策引导和金融创新，构建起健康多元的金融生态，为经济的高质量、可持续发展提供保障。

第四章

ESG行动方案

本章收录了三位诺贝尔经济学奖得主有关 ESG 的最新洞见，他们分别就 ESG 与 AI、ESG 驱动气候和农业领域创新、ESG 变革下股东"发声"机制相关问题进行深入探讨，他们为 ESG 及相关问题的发展提供了宏观视角，引领我们深度思考 ESG 与人类社会历史进程。

本章还包括多位全球著名专家学者、作家的思想，他们从第三次工业革命新基础设施与经济范式变革、气候变化及能源转型应对、AI 促进可持续发展、推动可持续发展的商学院贡献、建筑与环境关系新理念等方面分享了自己的智慧与真知，以期为 ESG 的发展贡献来自全球学术界的 ESG 解决方案。

诺贝尔奖获得者的
可持续发展方案

ESG 驱动创新：助力全球气候变化、粮食短缺、粮食安全问题解决

2019 年诺贝尔经济学奖得主
迈克尔·克雷默（Michael Kremer）

本部分主要就 ESG 通过驱动创新在解决各种错综复杂的危机、气候变化、粮食短缺、农业生产效率中所发挥的关键作用与读者进行交流。

经济学家通常对创新的定义非常广泛，囊括了任何可以以更少资源创造更多价值的创造。创新包括信息与通信技术（ICT）、新的药物，但对经济学家来说，这个术语同时涵盖了新的商业模式以及政府提供类似初等教育这类服务的新方式。

创新是实现经济增长的关键驱动因素。从历史的角度来看，创新也能够推动人类健康的巨大进步。如果好好利用技术变革，它也可能成为解决环境可持续问题的关键。

回顾历史，我们能很好地理解创新如何推动人类的繁荣与福祉。从 1961 年开始，世界人口增长了 2.5 倍，可耕种土地并没有增加，但饥饿问题得到了大幅改善。这在很大程度上归功于粮食作物的产量增长了 3 倍多。在 1900 年的意大利，每 1 000 名儿童中有 300 名死于 5 岁前，对比今天的肯尼亚，96% 的儿童都能活下来。这主要归功于生物医学和社会创新的共同发力，前者包括抗生素、

疫苗和口服补液疗法的研发，后者则使得大部分的妇女和她们的孩子能够享受产前保健、接生及基本医疗保健等服务。

创新还有潜力解决当前我们所面临的一些全球性挑战，比如气候变化，粮食短缺以及经济发展挑战。创新在应对气候变化等很多领域都大有可为，比如提出替代蛋白，种植根封存碳的作物，帮助农民减少过度使用化肥等方面的建议。

同时，我们也需要在采纳创新方面下功夫。农民、农业工作者，尤其是生活在低收入国家的人群最容易被气候变化影响，我们需要创新来提升他们应对气候变化的能力。在这一领域也有很多非常有前景的创新，比如抗旱的种子、更精确的天气预报，此外还有数字化的农业咨询服务、创新的金融和保险体系。在很多情况下，这些创新都由私营企业推动发展，由此获得私人投资者的资金支持，私人投资者发挥着至关重要的作用。在有些情况下，尽管创新能够带来巨大的社会福利，但是私人投资者获得的经济回报与这些福祉并不匹配。比如，新型的动物饲料有可能减少生产过程中甲烷的排放，但私人部门很难收回投资的成本，因为新型动物饲料的客户是农民，往往难以提高产品定价。这意味着我们需要公私部门的合作来鼓励研发领域的投入。我们已经看到了政府在发展太阳能方面所发挥的作用，推动太阳能价格在过去一二十年里大幅下降。

我们最近成立了气候变化、粮食安全和农业创新委员会，它的秘书处位于芝加哥大学。秘书处的工作包括找到那些有前景但经费不足的创新领域，促进公私部门合作以鼓励创新。我们在气候减缓和适应领域发现了一批颇具影响力、成本效益好且已经准备好规模化的创新项目。例如，提高向小农户提供的天气预报质量的项目。中低收入国家的天气预测往往没那么精准，或者根本无法做出科学预测，而提供精准预测每年能创造数十亿美元的社会价值。再如，能够抵御洪水、干旱、酷热和病虫害的新品种种子项目。还有在减轻污染方面的肥料项目。合成氮肥是农业排放的关键来源，而使用微生物肥料可以减少对它的使用，从而减少硝酸盐渗入地下水，并为农民节省资金。

除了这些已经准备好规模化推动的创新举措，还有许多处于早期阶段的创新具有变革潜力。例如，具有抗极端天气特征的自繁殖杂交种子可以提高产量，减少可持续适应的障碍；新的替代蛋白可以解决气候变化导致的蛋白质缺乏症发病率增加的问题，并增强粮食体系的复原力；利用岩石风化来增强土壤固碳能力能够将农田变成碳汇。

要鼓励在缓解和适应气候变化方面的积极创新，制度发挥着重要作用，我们必须设计良好的制度来推进创新。健康的创新体系既需要推动机制，也需要拉动机制。推动机制为研究提供直接的前期支持，包括对基础科学研究工作的拨款，以及开放式的社会创新基金，如美国国际开发署的发展创新风险投资机构（DIV），目前已经对研究人员、非政府组织、私人部门和政府部门放开了申请。它对创新持开放态度，并通过为新想法提供小额赠款来降低风险，只有在对影响和成本效益进行严格测试后才能提供更大规模的资金。我们分析了其服务组合的影响，该项目每投资 1 美元，就会产生至少 17 美元的社会效益。

除了提供前期资金的推动计划，还需要拉动机制来激发私人部门的活力和创造力。捐助者或资助者可设定目标，并承诺为创新目标提供资金。如果私人部门开发出符合预定目标的产品，在被证明成功之后，就能获得奖励，这种机制有助于减少资助者的风险。例如，2009 年，一些资助者宣布投入 12 亿美元以激励中低收入国家进行肺炎链球菌菌株疫苗的开发和生产。该方法实施以来，已有三种针对该菌株的疫苗获得批准，新疫苗的推出速度大大快于没有引入预先市场承诺机制的疫苗。数亿名儿童接种了疫苗，估计挽救了

70万名儿童的生命。为推动气候和农业交叉领域的创新，我们可以制定类似的机制，例如在培育天气适应性强的种子以及探索养殖牲畜以减少甲烷排放量的方法上。

在减轻农业对气候的影响、帮助农民和农业工作者适应气候变化，以及更广泛地推进粮食体系转型方面，有许多可以实现创新的领域。我们期待与伙伴共同宣传创新的重要性，也期待在农业和气候的交叉领域与其他人合作。

ESG 助力全球公平与包容性提高

2010 年诺贝尔经济学奖得主，伦敦政治经济学院经济学教授
克里斯托弗·皮萨里德斯（Christopher A. Pissarides）

在可持续的社会发展中，如何为所有人提供公平和包容的机遇？这一话题本身也属于 ESG 的一部分。本部分关注重点在于 ESG 中的"S"和"G"，即社会和治理两方面。

重要的是确保发展是包容的，确保所有人口，无论背景、性别或种族，都能从发展中受益。"S"和"G"的发展能够通过在劳动市场建立良好的组织来实现，确保法律法规以平等原则制定和遵守，提供高质量的教育和医疗保障，政府在"S"和"G"中可以发挥自己的作用。但是可持续社会发展能够成功的关键，在于企业能够行动起来，提供良好的投资机会和创造包容的就业机会。

由于数字技术的快速发展，我们仍然不知道 AI 所能达到的极限在哪。许多人对此心存疑虑，认为 AI 将使许多工作不再存在。但是我相信，如果管理得当，AI 将为我们带来实现可持续经济发展的最佳机会，让所有人受益。关于怎样的劳动市场组织能让技术更具包容性这一问题，我想谈谈中国。今天，中国采用的机器人技术和 AI 技术，比世界上任何其他国家都多。对于新技术，企业正确的反应应该是快速适应以提高生产力，随着生产力的提高，还会改善劳动者的福祉和生活水平。这里的福祉是指劳动者工作时的感受，如是否对自己所从事的工作感到满意？是感到压力，还是感到轻松？都属于 ESG 中的"S"。如果答案是肯定的，那我们就在朝着更好的社会可持续性方向迈进。

技术的变革需要劳动者完成从一个角色到另一个角色的转换，同时可能带来岗位变化——现存企业关停而新创企业成长起来，这些事情一直在我们周围发生。不过，企业内部劳动者角色的转换要比岗位变化更为常见，无论外界发生怎样的变化，企业内部劳动者的角色转变都在持续发生，大量新岗位被创造而旧岗位被顶替。在劳动者进行公司内部角色转换过程中为劳动者做好过渡，应当成为企业的优先事项。关于自动化技术，特别是 AI 技术，人们的唯一争议是，这些技术引发的颠覆性影响超越了过去，劳动者需要学习更多新知识才能成功完成角色转换，这就是为什么许多人称之为第四次工业革命。公司和劳动者都必须采取措施，才能实现平稳转型，以适应新的技术。

让我们考虑劳动者相应的对策，如果劳动者能够树立终身学习观点，理解新技术能做哪些事情，就能从对新技术的投资中受益。最好的公司能够在机器和劳动者之间实现良好的协同，让他们相互补充，提高双方的生产力。为实现这种协同，企业需要支持协作，为劳动者提供包容多元和充分的终身学习机会。劳动者需要学习的新技能大多数属于 STEM（科学、技术、工程和数学）领域，包括信息技术和数据处理、运营、物流、工程等。但劳动者也需要学习软技能，如掌握与上级、同级和下级的交流技巧，增强自身可靠性和自律性，提高创新性，学会批判性思考，拥有领导和管理他人的能力，掌握高级沟通谈判技巧。

鉴于新技术的发展速度极快，好的就业前教育应该使劳动者获得多种技能，包括 STEM 方面的技能和软技能，其余则由劳动者的终身学习来补充。让劳动者意识到学习对他们在公司的发展是有好处的，劳动者就会自觉进行终身学习。好的公司应当定期留出时间让员工进行终身学习，让劳动者能够提高技能。根据麦肯锡全球研究院的数据，每年为劳动者提供 75 小时或以上的学习时间，会产生有益的结果。

此外，劳动者需要在工作中感到被激励，才能产出好的结果。那么，如何才能增强劳动者的积极性呢？劳动者调查的结论非常清晰：许多受访劳动者都表示在工作中不开心会对其工作积极性产生负面影响；而当劳动者被问及什么会让他们在工作中的感觉更好时，在薪水之外，他们更关注的是能够与管理者进行更好的交流，公司政策能够更加透明，同事关系能够更加融洽，在工作中能有更多的"友善氛围"。除此之外，劳动者还希望拥有更多的时间灵活性，比如能够在家工作，能够偶尔请假，以更好平衡工作与生活。

随着新的自动化技术，也就是机器人和 AI 的应用，劳动者关注的这些问题，反而可能会恶化。研究发现，通常来说，行业自动化程度与劳动者的主观幸福感之间存在负相关。换句话说，一旦公司所处的行业即将采用新技术，通常劳动者会在工作中感觉更糟糕，对工作可能会发生的变化感到焦虑和压力。欧盟的调查发现，许多劳动者对因新科技失去工作的担忧超过因已知科技失去工作的担忧。为什么雇主和政府要关心劳动者对工作的感受呢？尽管雇主只关心利润，或者大型上市公司中只关心公司股价，但也有不少研究证据表明提供"好工作"能够提高生产力。我们在英国和美国的研究也表明了这种相关关系的存在。在近期，雇主也常常真心关心员工福祉，关心 ESG 中的"S"和"G"。政府也应当关心劳动者的感受，将其作为政策的目标，毕竟政府的职责是提升公民福祉，而不只是提升 GDP 增长率。

随着自动化技术在工作中的应用，可持续的社会发展需要员工、企业和政府之间进行协作，更加关注终身学习和公司与员工间的协作。无论是在改善工人的福祉上，还是在提高包容性上，上文已经列出了公司可以采取的措施。但我们仍需政府的帮助，政府始终是法律和秩序的监管者，特别是在法律规定的包容性和平等条款需要采取行动来落实之时，尤其需要政府的帮助。

第四章　ESG 行动方案

ESG 浪潮下股东"发声"机制的变革

2016 年诺贝尔经济学奖得主,哈佛大学经济学教授

奥利弗·哈特（Oliver Hart）

本部分聚焦 ESG 变革下的股东"发声"机制。历来,经济学家、金融界人士和律师们信奉的观点是：企业应实现利润或市值最大化,即股东价值最大化。支持这种观点的理由非常简单：股东是企业的所有者,可以按照自己的意愿支配额外的财富,如捐款给慈善机构,或为世界做其他善事。

这一观点听起来很有道理,实际上是不正确的。在某些情况下,相较个人而言,企业在为世界做出贡献或者在避免对世界造成伤害方面更具优势。具备社会意识的企业控股股东,需要机制来发挥作用。

比如,一家正在污染环境的企业,可以选择减少污染排放。这也许会影响企业利润,但企业的股东,至少大多数股东,会认为这是值得的,"我们愿意忍受较低的股息回报,以换取较少的污染,因为污染会伤害到其他人"。因此,我与其他学者共同提出：用股东福利最大化替代股东价值最大化。

我们要关注股东更广泛的偏好。目前,行使投票权是股东推动企业股东福利最大化的方法之一。毕竟股东可以通过股东选举、股东决议和董事会选举等形式对公司管理施加影响,我们称之为股东

"发声"机制。

那么,如何区分股东福利最大化和股东价值最大化呢?假设一家石油公司通过牺牲利润来减少碳排放。但如果股东被问及此事,他们可能会说:"我们更愿意减少碳排放,尽管这意味着股息会减少。"这样的想法可能有以下三种原因。

第一,这家公司的投资者通常也持有其他公司股票,而其他公司可能会因为大量碳排放减少而受益,这是纯粹财务方面的原因。第二,股东不希望生活在炎热的世界中,他们可能会觉得良好的利润是不错,但气候变化更糟糕,会直接影响到个人甚至人类子孙。第三,股东可能很关心受气候变化影响的群体,这类股东在一定程度上有较强的利他主义。出于这三种原因,即使不利于企业利润,但石油公司的股东也可能会希望减少碳排放。

同样,石油公司也可能会游说监管机构,或向政客提供竞选捐款以阻止制定遏制气候变化的法规、阻止征收碳税等。它们还可能资助一些研究,对气候变化的严重性、人为活动与气候变化的相关性提出疑问,质疑科学家夸大了气候变化带来的危险。这些行为对石油公司的利润有利,但对世界不利,股东可能不喜欢这些行为。

这些鲜明的例子说明了经济回报与公司终极控股股东的真正需求之间可能存在偏差。这就是为什么我认为股东"发声"机制很重要,我们应该鼓励股东就公司现在应该做些什么发表意见。

然而当前,股东"发声"机制的开展存在一些困难。如今,美国大多数股票都通过共同基金公司持有,如贝莱德集团、先锋领航集团、道富集团等。这些机构通常代替投资者行使投票权,大多数投资者甚至不知道他们"被投票"选了什么。大多数机构认为,它们对投资者的信托责任要求其只需考虑经济回报,而不需考虑其他。就美国养老金管理机构而言,这就是一项法律规定。因此,机构会认为它们有义务基于经济回报来投票。

那么，如何规避上述问题呢？主要有以下三种方法，并且都具备可行性。

第一种方法，可将投票决定权下放到个人投资者手中，而不是让贝莱德集团等基金公司替投资者投票。事实上，这种投票权下放行为正在发生，虽然进展较为缓慢。贝莱德集团已经为它们的主要投资者实现了这一点，并尝试为资金量较小的个人投资者推出相关政策。新技术的产生使个人投资者参与投票成为可能，有为个人投资者提供的专属智能化投票指导。

例如，投资者有宗教信仰，那么可选择一份基于信仰的投票指导。另外，爱康诺公司已经开始为个人投资者提供专属的算法。只需要填写一份问卷，然后这一程序根据投资者对环境、社会和理财产品的看法，便可运用算法来代表投资者投票。这是一种投资者个性化的定制，而不仅仅是通用的指导。实际上，我自己也在用它进行投票，我相信这一领域还会有更多发展。

第二种方法是由共同基金在个人投资者中征求意见，根据得到的答案进行投票。

第三种方法是让共同基金公司制定明确的投票议程。比如一只投资于标准普尔500的指数基金，作为指数基金并不会进行主动投资，但基金公司可以提前对个人投资者声明：我们将以这种方式对某些股东决议进行投票，个人投资者如果赞成其决议，就可以把钱投给该基金。还有一些基金可能会声明："我们将始终推动公司实现利润最大化。"如果你喜欢这种方式，也可以把钱投给这些基金。

媒体上有大量关于ESG的讨论。但2023年，ESG在美国收到了很多反对的声音，机构投票支持ESG决议的情况少了很多。

我在这里提出倡议，推广上文第一种投票方式，即把投票权下放到个人投资者手中。这样机构就不需要再参与投票，也不会因为是否支持ESG而受到政客的指责，政客无法指责个人的投票喜好。

总而言之，我一直在阐述关于 ESG 问题的股东"发声"机制。"发声"机制是一种比撤资更有力的改善世界的方式。与企业斡旋的另一种方式是，如果你不喜欢企业的做法，那就卖掉该企业的股票，但可能会把股票卖给一个并不关心环境问题的人。要知道，你之所以卖掉股票，是因为你关心环境。然而，你却把股票卖给了并不关心环境的人，这只会让这家污染严重的企业变得更加污染环境。我的建议是，继续和这些企业在一起，促使它们变得更好。

信托责任的整个概念必须改变。我们不能再把投资机构履行忠实义务定义为"为我争取最大的经济回报"。正确的定义是，了解我真正想要的是什么，然后推动它实现。

全球各界的 ESG
行动方案

缓解气候危机，助力能源转型

全国人大环资委专职委员，生态环境部应对气候变化司原司长

李高

气候变化是全球可持续发展面临的严峻挑战。近年来，高温、热浪、山火、干旱、洪涝等极端天气气候事件发生的频率、强度，影响的范围和带来的损失显著增大，各国必须加强合作，采取更有力的行动，共同应对气候变化挑战。

过去 30 多年来，在国际社会的共同努力下，全球气候治理取得重要进展。1992 年以来，各国先后达成《联合国气候变化框架公约》《京都议定书》《巴黎协定》等重要协定，确立了公平、"共同但有区别的责任"和各自能力原则，形成了各国以"国家自主贡献"的方式各尽所能、发达国家向发展中国家提供有力支持的治理模式，奠定了各国合作应对气候变化的国际法律基础和行动指南。应对气候变化全球治理进程深刻影响了各国经济社会和产业发展。目前已有 195 个国家和地区制定了到 2030 年的国家自主贡献目标，超过 100 个国家和地区提出了"碳中和"目标，绿色低碳发展已成为世界潮流和方向。

中国秉持人类命运共同体理念，始终高度重视应对气候变化。党的十八大以来，中国把应对气候变化摆在国家治理更加突出的位置，实施积极应对气候变化国家战略，取得突出成效。2012 年以

来的 10 年，中国以年均 3% 的能耗增长支撑了超过 6% 的经济增长，可再生能源装机量和新能源汽车产销量跃居世界第一，启动并平稳运行全球规模最大的碳市场，扭转了二氧化碳排放快速增长的态势。今天，与应对气候变化密切相关的技术、产业发展已成为中国经济最有活力的部分。

与此同时，中国始终坚持多边主义，积极倡导和推动应对气候变化国际合作，为《巴黎协定》的达成、生效和实施做出历史性贡献。《中华人民共和国对外关系法》提出积极参与全球环境气候治理，加强绿色低碳国际合作，共谋全球生态文明建设，推动构建公平合理、合作共赢的全球环境气候治理体系。中国还积极开展南南合作，尽己所能帮助其他发展中国家提高应对气候变化能力。中国已成为全球气候治理进程的重要参与者、贡献者和引领者。

中国强有力的应对气候变化政策措施不仅促进了自身可持续发展，而且成果惠及全球。中国为全球提供了 50% 的风电设备、80% 的光伏组件，电动汽车和电池也出口到世界各国，推动全球光伏、风电成本和锂电池价格快速下降，显著降低了各国实现"国家自主贡献"目标的成本，为推动全球绿色低碳转型做出了积极贡献，而相关国际合作也促进了中国可再生能源和电动汽车产业的进一步发展。这个例子有力地证明，各国携手合作是有效应对气候变化的必由之路。

令人担忧的是，一段时间以来，某些发达国家出于政治目的，泛化"国家安全"概念，推行单边措施，实施保护主义，人为制造国际合作障碍。据测算，若推行逆全球化贸易政策，到 2030 年太阳能组件价格可能上涨 20%~25%，全球太阳能电池和组件生产安装量减少 160GW~370GW，全球净碳减排潜力减少 30 亿~40 亿吨二氧化碳当量。同时，发达国家迟迟未能兑现每年提供 1 000 亿美元气候资金支持的承诺，巨大资金缺口不仅导致发展中国家沉重的绿色转型负担，更给全球实现气候公平和正义带来了障碍。

应对气候变化挑战，空喊口号无济于事，落实行动才是关键所在。同时我们更要防止保护主义和单边主义损害全球行动能力，以更加紧密的国际合作强化应对气候变化行动。为此，提出以下几点建议。

一是共同维护《联合国气候变化框架公约》及《巴黎协定》的主渠道地位和制度体系。各方要坚持"共同但有区别的责任"等原则和"国家自主贡献"的制度安排，充分考虑发达国家和发展中国家在历史责任和国情现状方面的差异，加强对发展中国家的支持，以公平合理、合作共赢的制度规则推进全球应对气候变化的集体努力。

二是共同推动形成全方位、广领域、多主体的气候国际合作新局面。各方应积极探索、不断拓展气候变化国际合作模式，推动各方中央政府、地方政府、企业、研究机构、社会组织、公众等多元主体之间开展广泛合作，围绕经济、社会、产业、技术、金融等广泛领域形成更加包容有效的对话交流和务实合作机制。

三是共同努力加速全球绿色低碳转型。各方要加强有利于应对气候变化的技术、市场、资金、产业链和供应链合作，切实将各自的国家自主贡献目标转化为政策、措施和具体行动，推动全球实现更加强劲、绿色和健康的可持续发展，共促全球绿色低碳转型。

2023年年底召开的第28届联合国气候变化大会完成了对《巴黎协定》实施进展的第一次全球盘点。各方应以此为契机，全面评估实现《巴黎协定》目标的集体进展，识别全球气候合作的困难和障碍，向国际社会发出坚持多边主义、摒弃任何形式的单边主义和保护主义、通过合作强化全球气候行动的有力信号，推动《联合国气候变化框架公约》及《巴黎协定》全面有效实施，为各国务实推进各自目标落实、实现公正绿色低碳转型做出贡献。

气候变化、全球变暖与全球合作应对

加利福尼亚大学洛杉矶分校医学院生理学教授，美国艺术与科学院、国家科学院院士，《枪炮、病菌与钢铁》作者

贾雷德·戴蒙德（Jared Diamond）

本部分聚焦于气候变化和全球变暖，这个议题在美国也得到很多关注。

2023年是全球能够准确地记录天气数据以来最热的一年，洛杉矶发生了一个世纪以来的第一场飓风。我在美国东海岸的波士顿长大，那里每过几年就有一场飓风，但是在洛杉矶，飓风非常罕见，洛杉矶人几乎没有经历过这样的飓风。美国西南部经历了有史以来的最高温度，我所在的城市洛杉矶，气温达到41℃，创下洛杉矶的气温纪录。在挨着洛杉矶的凤凰城，有6周的气温每天都在43～49℃，而在加利福尼亚州中部，气温达到56℃。我没有开玩笑，也没有弄错温度数据，在加利福尼亚州中部，温度真的达到了56℃！

而2022年秋天，不仅在加利福尼亚州，美国西部的大部分地区都经历了严重的旱灾，旱灾使得加利福尼亚州的农业遭受重大打击。干旱和与之相随的高温天气，引起了严重的大火。2023年8月，夏威夷毛伊岛上的大火是美国过去一个世纪造成伤亡最严重的大火，至少100人在大火中丧生，大概1 000人下落不明。

这就是全球气候变化在美国显现的几个例子，它带来了更加极

端的天气。全球气候变化既会带来热浪，也会带来预期外的寒潮，既会带来强降水，也会带来旱灾。但总的来说，全球气候变化意味着气温升高。全球气候变化是由大气中日益增加的温室气体引起的。

美国与中国，是全球最大的温室气体生产国。但是，美国与中国通过自身减少燃烧化石燃料就能解决气候变化和水资源问题吗？答案是否定的。美国与中国无法独自解决气候变化问题。因为温室气体会从世界其他地区流入中国的大气层，就像温室气体会从世界其他地区流入美国的大气层一样。这说明，美国与中国，以及世界其他地区的气候变化和水资源问题都是全球性问题，没有任何一个国家能够独自解决。

那么，美国与中国合作就能解决全球气候变化和水资源问题吗？这确实是一个良好的开端，但世界不仅仅由中国与美国组成，全球有近200个国家，它们都在燃烧化石燃料。这使得解决全球气候变化问题似乎无望，因为让全球所有国家都减少对化石燃料的使用似乎不可能。有些国家现在非常担心气候变化，但另一些国家并不担心，也没有开始采取任何措施。

但解决全球气候变化问题并不是无望的。我们不需要让全球所有国家都独立地采取行动。中国、美国、日本、欧盟和印度这五个国家或国家联盟，占据世界上化石燃料使用和经济产出的2/3，其他加起来只占世界上化石燃料使用和经济产出的1/3。这意味着，如果这五个国家或国家联盟决定采取行动，相互达成协议，将影响全球近67%的化石燃料消耗，这是解决全球气候变化问题国际合作的第一步。国际合作的第二步，是这五个国家或国家联盟去影响尚未认识到需要采取行动的国家。

10年前，大多数美国人和世界其他地区的人都尚未被说服，不了解全球气候变化和水资源问题的重要性。但自然是一个强有力的老师，比大学里所有教授和老师的教育都有效。尚未确信全球气候变化的人，2023年一直在接受自然这位老师所提供的课程。世界上创纪录的高温、各地的火灾、水资源短缺都是自然给的课程。让我们来明确一下，通过全球合作来解决气候变化和水资源问题的含义。全球合作不是指哪个国家慷慨做出牺牲，来帮助世界其他国家和地区，而是指各国从自身利益出发，为了避免因气候变化导致自己的毁灭而采取行动，在这个角度上中国和美国的利益是一致的。

继续目前这种对化石燃料的无节制使用是不可能的，人类社会不可能在极端天气和水资源紧缺中生存，中国、美国、日本、欧盟和印度之间在气候变化和水资源问题上也不可能不合作，剩下的只能是全球合作。

全球合作是唯一的解法，对于全世界所有人都只有的唯一可能性。因此，我希望我们的国家能够成为世界其他国家和地区的好榜样，相互合作，这能带动世界上其他国家和地区的人加入我们，共同对抗全球气候变化，拯救中国、美国和世界其他国家和地区的未来。

欧盟碳边境调节机制与中国应对

全国工商联副主席，清华大学经济管理学院院长

白重恩

本部分希望就全球气候变化相关措施的新情况，探讨中国应如何应对，以及中国已经做了什么。

2023年，欧盟通过了碳边境调节机制。碳边境调节机制要对非欧盟国家向欧盟出口的产品征收碳边境调节费用。根据欧盟从欧盟之外的国家进口产品中的碳含量，比较欧盟企业为相应排放支付的成本，与出口来源国为此支付的成本，这之间的差异，通过碳边境调节机制来征收。欧盟声称碳边境调节机制的目的是保障欧盟企业与欧盟之外的企业平等竞争，为碳排放支付同样的成本，听上去有一定道理，但也带来了更多的问题，实质目的还是保护欧盟企业。

我们的团队对此进行了相关分析。研究分析发现，目前版本的欧盟碳边境调节机制对中国的影响不是特别大，对GDP的影响非常小，大概仅影响0.01%；对出口的影响也不大，大概影响0.05%。但对一些特殊行业会产生稍微大的影响，比如能源密集型产品的出口，特别是化学品与水泥等非金属矿物、钢铁等其他金属的出口，可能会下降5%左右。

但欧盟的碳边境调节机制对全球减排能否真正产生作用呢？我

们的研究显示调节机制对促进全球减排几乎没有作用。然而，如果欧盟的碳边境调节机制未来扩大范围，把更多产品纳入碳边境调节机制征收范围，或者更多国家采取类似措施，可能会对国际贸易产生比较大的冲击。这是我们现在面临的问题。

欧盟碳边境调节机制其实对欧洲自身的影响也较为复杂。一些使用钢铁、铝、化学品的欧盟下游产业，因为要对这些产品征收碳边境调节税，这些产品在欧洲的价格就会上升，对于使用方可能产生负面影响。所以，碳边境调节机制产生的影响非常复杂。首先，我们认为这一机制并不能真正带来全球范围的减排，并且在一定程度上违背了在气候变化中不同国家"共同但有区别的责任"的原则，所以国际社会应该找出更加合理的方案，使得各个国家之间的企业能够公平地竞争，同时能够更有效地推动碳减排，并能够推动"共同但有区别的责任"。这是我们研究提出的一些政策建议。

中国也要为此从几个方面做出准备，不仅关于欧盟碳边境调节机制，也关于最终形成的替代方案。一是构建和完善我国的核算体系。如果我们不能有效地核算我们出口产品中的碳含量，可能会非常被动。二是在国内要采取更加市场化的机制来促进减排，同时让企业承担的减排成本更加显性化。现在我们更依赖于行政手段来减碳，但当我们的产品出口到欧盟，企业为行政手段所支付的成本，不能从价格中体现出来，因而在征收碳边境调节税时，我国企业能抵扣的部分就比较小，这对我国是不利的。所以对国内而言，应更多地使用市场机制来推动减排。

市场机制有很多前提条件，一个重要的前提条件就是可信的核算体系，核算清楚产品在不同生产环节的碳排放量多大，这是基础设施层面的工作。另外，我们要有比较全面的碳定价机制，要让生产的各个环节为碳排放付出的成本显性化。例如，目前在电力部门试点的碳排放权交易，我们希望它为排放附加的成本能够机制化地传导到全社会经济生产的各个环节。一旦各种价格都包含了碳排放成本，就会引导人们在生产中尽量减少排放，在消费中尽量购买碳排放量比较低的产品，也引导人们创新以帮助更好地减排。因此，这样的价格机制可以起到较好的作用，需要各个部门协调好，实施比较合理的碳价格体系，从而为更加高效地实现"双碳"目标，以及更好地应对欧盟碳边境调节机制或其他相关机制打下良好的制度基础。

中国在这些方面不断做努力，也取得了很大的进展。煤电在发电量中的占比从2017年的将近65%，下降到2022年的58%左右。在新能源方面，2017年风能在发电量中的占比不到5%，到2022年达到8.8%，并在逐渐增长。太阳能发电占比从不到2%到2022年将近4.9%。在新能源汽车的使用上面，2022年新能源汽车在总销量的占比已经超过25%，2023年的占比更高。燃油汽车的使用是重要的碳排放源，所以在新能源汽车的普及上，我国取得的成绩，可以极大地促进减排。

我国发电量平稳增长，煤电发挥了电力供应基础保障作用，而新能源成为我国新增发电量的主体。2022年，全国全口径发电量86 939亿千瓦时，比上年增长3.6%。其中，水电13 517亿kW·h，比上年增长0.9%，占全口径发电量的15.5%；火电57 337亿kW·h，比上年增长1.2%；煤电占全口径发电量的58.4%；核电4 178亿kW·h，比上年增长2.5%，占全口径发电量的4.8%；并网风电7 624亿kW·h，受海上风电发电增长较快的影响，比上年增长16.3%，占全口径发电量的8.8%；并网太阳能发电4 276亿kW·h，比上年增长30.8%，占全口径发电量的4.9%。

如果我们能够把价格体系建设得更加完善，相信我们的进步会更快，在这一过程中所负担的成本也会更低。同时，希望全世界能够更好地合作，当中国企业能够以更低的成本生产新能源所需要的太阳能电池、风力发电设备，以及新能源汽车和配套电池等产品时，就能够降低贸易壁垒，让全球都能以较低的成本使用这些有助减排的产品，这将对全球的气候变化应对产生很大的促进作用。有些国家人为地设置了一些贸易壁垒，称其不能对中国的产品产生太大的依赖，很多这些保护安全的说法都不能自圆其说。比如汽油和天然气的供给，如果过度依赖于进口天然气，在国家遇到安全威胁时，可能会产生较大的困难。如果本国依靠太阳能、光伏发电或者风力发电，其他国家对本国能够产生的影响就非常小了，这方面的安全风险要远远低于传统能源所带来的安全风险。所以，以安全为由来建立贸易保护措施是说不过去的，希望全球能够更多从应对气候变化共同挑战的角度降低贸易壁垒，让更有效率的绿色产品能在全球得到广泛的使用。

能源电力行业如何适应 ESG 的新进展

中电联专家委员会副主任委员，国家应对气候变化专家委员会委员，
华北电力大学新型能源系统与碳中和研究院院长

王志轩

2023 年以来，对全球和中国的上市公司，即将上市的以及拟开展企业社会责任报告编写的企业而言，ESG 发生了里程碑和风向标式的新进展。

第一，2023 年 6 月，ISSB 发布了关于 ESG 信息披露的两个准则，即 IFRS S1 和 IFRS S2，这两个准则对于 2024 年 1 月 1 日之后的年度报告期生效。这是全球 ESG 信息披露规范性建设的重大事件，对提高上市公司 ESG 信息披露在全球范围内的可比性、内容的实质性、约束性、导向性都具有直接影响，也对全球其他行业可持续发展报告的编写、规则的修改及应用产生重大影响。

值得注意的是，ISSB 是由国际财务报告准则理事会发起和组建的，于 2021 年 11 月 3 日在 26 届联合国气候变化大会上正式启动，旨在制定与 IFRS 准则协同的可持续发展报告准则。它在成立后的半年时间里就发布了 S1 和 S2 的征求意见稿，又经过了一年多的时间发布了正式的文本，凸显了其实施速度和影响力。

第二，2023 年 1 月 1 日，在 2021 年发布的 GRI 标准正式生效。文件显示，截至 2021 年 12 月 1 日，在全球各类证券交易所 ESG 信

息披露中，采用 GRI 标准的达到了 95%，采用 SASB 的占 78%，采用国际综合报告理事会（IIRC）的占 75%，新的 GRI 标准比 2006 年版标准有了较大的变化，不仅增加了行业标准的内容，通用标准中的三个子标准和议题专项标准也有了相应的变化。

第三，2022 年 12 月，欧洲理事会通过并签署了《企业可持续发展报告指令》（CSRD），取代欧盟于 2014 年 10 月发布的非财务报告指令。新的指令采纳了 GRI 标准。2023 年 7 月，欧盟委员会审批通过了首批《企业可持续发展报告指令》配套标准，也就是《欧洲可持续发展报告准则》，对企业的可持续信息披露做出了具体规定，首批适用企业于 2024 财年开始使用，其他适用企业逐年实施。

第四，2022 年美国证券交易委员会发布了面向投资者的气候相关信息披露的提升和标准化的提案，参照 TCFD 准则和温室气体规程，建议在相关法规中增加气候相关信息披露，并公开征求意见。

第五，2023 年 7 月，中国国务院国资委办公厅发布了《关于转发〈央企控股上市公司 ESG 专项报告编制研究〉的通知》，其中附有央企控股上市公司 ESG 专项报告编制研究课题相关情况的报告、央企控股上市公司 ESG 专项报告参考指标体系、央企控股上市公司 ESG 专项报告的参考模板。指标体系分为 14 个一级指标、45 个二级指标、132 个三级指标，并设定了基础披露和建议披露两个披露等级。这是为落实 2022 年 5 月国资委发布的《提高央企控股上市公司质量工作方案》中提出的央企集团公司要积极参与构建中国 ESG 信息披露规则、评价和投资指引的重大措施。

所以，央企控股上市公司 ESG 指标的选定，既要与 GRI、TCFD、SDGs、ISO 等的要求基本保持一致，也要从理念上与 ISSB 准则保持一致，还要充分结合中国国企深化改革提升行动的要求。

上述内容可以给我们以下三点启示。

第一，2004年联合国环境规划署首次提出了ESG投资概念后，ESG发展得非常迅猛，得到各国政府以及投资者和社会公众的关注。2022年ISSB公布两个准则的讨论稿以来，全球多个司法管辖区的证券交易所相关监管机构已经宣布了拟采用ISSB准则，或者在理念上保持一致。ISSB的披露体系以及相关要求逐步得到全球的认同。

第二，无论是全球性组织还是中国、欧盟、美国等国家都在积极推进ESG的发展，不断提出和发布新的可持续发展报告编制要求。ISSB作为非政府组织，在标准制定的过程中较为广泛地征求了各方的意见，基本体现了全球上市公司相关方对ESG报告编写要求的最低共识，ESG的核心理念也具有较高的一致性。

第三，全球可持续发展报告编写要求的标准，由各自独立逐步向联合共享的方向转变。2020年9月，IIRC、全球环境信息研究中心（CDP）、CDSB、GRI和SASB发表联合声明，宣布将通过共享和协作，在报告标准方面建立全球一致性，减轻报告组织的负担，促进用户分析、解释和行动。可以预计，国际上可持续发展报告披露规则的制定，不论是否形成国际、欧盟、美国和中国等不同的格局，以ISSB的理念、框架、内容为规则基础的趋势将逐步地趋同和兼容，并且保持各自的特色，以ISSB准则为基础的ESG相关活动将会在全球范围内不断地扩大。

我国能源电力行业如何适应ESG新进展？我提出以下五点建议。

第一，要从把握新发展理念上推进能源电力行业的ESG发展，要从推进中国式现代化的整体部署中找准我国能源电力发展的基本方向，坚决执行中央提出的深入推进能源革命，积极稳妥推进"双碳"的重大战略部署。我国能源革命的方向不仅与构建人类命运共同体、积极应对全球气候变化、推进经济社会可持续发展等的核心理念是一致的，而且也有我国自己的特色。

第二，根据我国政府部门发布或认可的有关可持续发展、企业社会责任、ESG 报告编写的指南规范等，编制好相关披露类报告。央企在发布社会责任报告中起到了表率作用，比如 2006 年国家电网率先发布了央企首份社会责任报告。此后，我国能源电力行业的央企、国企以及不同所有制企业积极发布了不同类别的可持续发展报告和社会责任报告、ESG 报告等，也形成了具有中国特色并且与全球接轨的可持续发展责任报告的第三方评估机制。

第三，要认真研究、跟踪、学习和应用全球可持续发展组织以及重要组织的 ESG 报告编制标准，比如 GRI、ISSB 的准则，并将新的要求不断吸收到我国 ESG 相关体系之中，循序渐进。再如对于温室气体排放核算范围 1、2、3，要不断增强国际性。在当前形势下，由于各组织间的标准内容不断融通，同时也保留了特殊性，企业在选择具体标准的时候，要认真地研究监管者、投资者和相关方的要求，选择合适的标准，切忌任意叠加或者任意冠名采用了何种报告编制标准。

第四，要积极参与国际 ESG 活动，勇于创新。一些国际组织编制的标准，比如 ISSB 发布的准则之所以会引起国际社会的强烈关注，一个显著的特点就是广泛听取了各方的意见，并在各方执行过程中建立反馈机制，从而不断完善准则。我国能源电力企业应该在与国际接轨的过程中积极参与信息披露体系的国际化建设，反馈我国企业在可持续发展报告和 ESG 推进中的经验，推动国际相关标准体系的发展和完善。

第五，我国相关政府部门要与企业、交易机构、第三方组织和社会机构，加强披露、编制标准方面的沟通。ESG 披露的内容与政府（发展改革委、外交部、生态环境部）、财政（金融业、证券业)、生物、工业及信息化、能源、国企管理、标准化管理、社会组织管理等都有直接关系。"上面千条线,下面一根针",从具体操作来看,各种要求都会集中体现在报告披露这一环节之中。因此,需要各个部门在规则制定层面通力合作,推进我国能源电力行业ESG活动的持续健康发展。

商学院行动助力全球气候问题应对

法国巴黎高级商学院院长
埃罗伊克·佩拉什（Eloic Peyrache）

现阶段，世界各国已经形成共识，人类正处于紧急状态之中，气候、地球边界和可持续性将是未来几十年的最大问题。我们正生活在一个关键时期，地球九大安全边界①中六个已经被突破，这一点是毋庸置疑的。

但当我们谈到解决方案，事情就变得十分棘手。不同国家间，甚至国家内部人们的观点都大相径庭，就解决方案达成共识越来越困难。气候变化和生物多样性的减少正迫使人类创造低碳、有韧性、高效利用资源和尊重生物生态系统的新社会模式，气候变化和生物多样性的减少也迫使我们加快对大规模低碳能源供应的研究和创新。

气候变化和生物多样性的减少需要新的规范和监管。作为学术机构，我们的职责是提出并分析所有可能的解决方案。与此同时，目前需要一股新形式的领导力量来应对这些挑战，并带来关键的创

---

① 九大安全边界是指地球生态系统的九个关键领域，包括气候变化、海洋酸化、臭氧层破坏、氮和磷的过度使用、淡水消耗、土地利用变化、生物多样性丧失、化学污染、大气气溶胶。——编者注

新和突破。好消息是，有决心、有远见的年轻一代正在崛起，在我们的年轻一代中，一场非同寻常的变革正在酝酿。据我所见，这股崛起的力量在法国和欧洲的青年精英中非常明显，而且我相信，这股力量远不止存在于欧洲。这些青年才俊有能力将他们对生态的忧虑转化为强大的力量，并真正致力于解决问题。但是，他们还需要被鼓励、支持和培训，以发挥出自身的潜力，任何的转变都必须通过教育来实现。

此外，商业是在气候问题上采取行动最快、最有效的行业之一。建立在能源和无限资源基础上的经济发展所造成的生态灾难，可通过新范式带来的新经济来修复。当全球国家治理面临着几乎无法克服的困难时，企业和企业家可以为创新、具体、快速的解决方案的产生提供实验环境。

现在的问题是，商学院如何成为可持续发展的行动杠杆？对于巴黎高等商学院，我认为可以做出以下五件事来改变现状，分别是：激励、赋能、规模化、合作和展示。我们有责任创造知识和鼓舞人心。如何做到这一点？启动能够对业务转型产生直接影响的重大研究计划。

经济学、管理学、金融学和社会科学方面的研究比以往任何时候都更加重要，不仅要发明新的模式和做法，还要分析哪些可行，哪些不可行。我们在巴黎高等商学院创建了一个"影响力公司实验室"，以评估影响力，并加快这一趋势的发展。这项研究必须与公司密切合作进行，以公司作为试验田。

我们有责任赋能。学术机构可以通过深入改革教学来实现这一目标，从而使每一位毕业生和每一位接受培训的管理人员都成为推动变革的力量。目前，我们所有学生都必须接受领导力和转型实践方面的培训，这两个主题必须成为所有核心课程的中心。这就是巴黎高等商学院对我们的管理硕士课程所进行的全面改革。ESG的方方面面都被系统纳入了核心必修课程，我们还提供多达35%的选修课程，专门讨论ESG主题。

我们有责任促进创新，并进行部署。围绕可持续发展问题，动员整个校友和创业生态系统。得益于遍布全球的校友网络，我们通过持续培训和动员这些校友，使他们都能够具备强大的潜力以不断扩大其影响。

商学院通常会孵化和推动初创企业，通过这样的举措，它能将负责任的和可再生的解决方案以及创新带入新企业的核心。

我们有责任从竞争走向合作。商学院之间的合作使大规模联合成为可能。每个生态系统都能产生令人难以置信的集体智慧来应对气候和生态挑战。例如，2022年巴黎高等商学院与剑桥大学、欧洲工商管理学院、欧洲高等商学院、国际管理发展学院、伦敦商学院和牛津大学萨伊德商学院等欧洲优秀的商学院合作，共同创建了"气候领导力商学院联盟"，以应对气候问题。我们共同推出了一个数字化工具包，帮助企业领导者寻找关键问题，并评估自身是否已经准备好采取有效行动，以应对气候变化这一地球紧急状况。

进行洲际对话也很重要。例如，我们刚刚与纽约哥伦比亚大学气候学院签署了双学位协议。这个双学位将为学生提供更好的培训，并让他们接触不同的视野。

我们有责任言行一致。这意味着商学院和大学校园必须在去碳化、资源管理、食品安全责任、采购、数字政策等方面发挥表率作用。校园必须成为节约能源和使用可再生能源的典范。在保护自然资本、生态转型方面也是如此。尤其是在全人类消除分歧、和睦共处方面更是如此。正是这种为重大生态和社会挑战提供解决方案的能力，决定了优秀学术机构在未来几十年中的知识和科学领导地位。

建筑与环境的关系：连接自然与城市

建筑师，东京大学特别教授、名誉教授

隈研吾（Kengo Kuma）

本部分希望与读者分享关于建筑与环境的关系。在20世纪的工业社会中，建筑基本上是征服环境的工具，以混凝土、铁为材料的现代主义建筑，作为征服环境的工具应运而生。但可以确信的一点是，如果今天我们仍然秉持建筑征服环境的观点，人类将无法继续生存。

全球变暖加剧已在很多方面警示我们接下来将出现新的危险与危机，有必要替换过去的观念，将环境概念置于建筑之上。广重美术馆坐落于日本的一处小村庄，在对这座建筑的建设中，我认清了这一点。在设计之初，广重美术馆就决定就地取材。这处小村庄被满是杉木的山所环绕，山的木材、能源正是这个村落长期赖以生存的资源。不仅在日本，世界各地村落基本与其所处的自然环境构成循环系统，以此来支撑和保障人们的生活。

因此，我们也将广重美术馆作为一个可持续的循环系统来创建。在广重美术馆的建造过程中，我们不仅使用了当地的材料，还请了当地的建筑工匠，连建筑物内部的材料也使用了由当地工匠制作的纸张，木材的加工、地砖也出自当地工匠之手。通过这些努力，我们致力于创造一个新的循环系统。在设计方面，我们考虑到

"层叠"这种理念，将建筑物看作一个薄层，通过层叠建造的方式将自然与建筑融为一体。这是一种创新的设计方向，这种设计理念本身并不与现代主义建筑对立，而是与其形成一种对比。现代主义建筑方法是砍伐所有绿植，然后随意在建筑物或土地上建造。与勒·柯布西耶不同，我最初考虑的是，保留尽可能多的绿色，来建造建筑物。我尝试使用基柱建筑方式，使建筑物与周边地形相融合，来达到保护自然环境的目的。这种建筑方式我最早在一座位于长城脚下的竹屋建筑中见过，这座竹屋正是在长城的原有地形基础之上建造的，完好地保护住了自然环境，旁边就是万里长城。

在建筑选材方面，我们尽可能地选用当地材料。我们尽可能使用竹子，并通过使用当地材料使建筑自然融入周围环境。在亚洲，茶是将人与自然相连接的重要食物，通过饮茶可以感受到大自然，这也是亚洲文化中非常重要的元素之一。我们在建筑中心的空间设计了一个茶室，在这里可以体验亚洲的茶文化。而且在亚洲，竹子本身也是种非常重要的象征，正如中国"竹林七贤"的说法，竹子象征人与自然的和谐。

位于杭州的中国美术学院民艺博物馆在建筑风格上也有着异曲同工之妙。其将瓦片作为建筑的核心，烧制当地土壤而制成的瓦片是连接自然和建筑的重要材料，通过使用这种瓦片，将建筑设计为一个村庄的形式。我认为建筑不应是去建造一个单独的建筑物，而应把村庄作为创建环境的一种材料加以利用。相较于建筑，这座博物馆更像是一个屋顶相连的村落。不单是屋顶，公共外墙也是用瓦片制作而成的，并且这些瓦片也都是再次利用村庄里现有的烧制品而制成的，对旧村落里几近废弃的旧瓦片进行循环利用。由这些瓦片做成的外墙表皮可以控制光线，为室内营造柔和的光影效果。

博物馆与倾斜的地形相结合而建，没有进行大规模扩建，对自然没有入侵感，与地形融为一体。将建筑与大地融为一体是今后的新课题。不同于现代主义建筑将建筑与自然分离，我认为将自然与建筑物融为一体的设计理念势在必行。

我们尝试在欧洲用这种设计理念进行建造。在位于法国与瑞士边境的贝桑松市，我们建造了贝桑松文化中心。在河边的废弃场地上，我们原封不动地将老建筑和旧仓库保留下来，并将其重建为文化中心，再次将自然与城市相连通。与广重美术馆的设计理念相一致，我们也在这座建筑物的正中心打造出了一个非常大的空间，将建筑作为连接自然与城市的工具。建筑不作为单独个体而存在，而要成为与自然建立关系的新工具。阳台在亚洲建筑中也是一个重要的概念，为此我们设计了建筑物与自然之间的中枢空间。我们在河边设计了类似大阳台的空间，重新将小河引流到建筑的附近，聚集了昆虫、鸟类等生物，这是将其与市民以及建筑物这三个元素紧密相连的一个空间，也是将自然与城市相连的开阔空间。文化中心屋顶上安装了太阳能电池板并放置了绿植。

巴黎在建的 Saint-Denis Pleye 车站也运用了这种新的建筑理念，我们认为车站应该成为类似森林的空间，具有治愈人心的力量。在巴黎的周边景观中，我们使用了大量的树木，希望将这个车站打造成一个新的绿色公园，为人们提供社交和放松的空间。

丹麦实施了各种非常先进的环保政策，我们还为出生于丹麦的汉斯·克里斯汀·安徒生设计了博物馆。博物馆不仅仅是建筑，还应该是庭园。考虑到安徒生出生的城市欧登塞是一个小城市，建筑物应该尽可能地像庭园一样与地面融为一体，支撑美术馆建筑结构的是木材，木材能吸收二氧化碳，所以也起到防止全球变暖的重要作用。通过这样的方式，我们将木材和绿色相互交融，使建筑物公园化、庭院化，随着时间的推移，建筑物将逐渐被绿植所覆盖，建筑元素消失，庭园元素增加，这是我们的理想形态。

我们也为 2021 年东京奥运会设计了奥林匹克场馆。东京市内有一个很大的绿色公园，体育场位于公园中间，我们考虑将建筑与公园融为一体。我们选择把木材作为主要材料，木结构的建筑可以通风，为了使建筑融入周围的森林，我们设计了屋檐重叠结构。这种屋檐重叠结构实际上在亚洲已经存在很久了，如日本于7世纪建造的法隆寺，它基于从中国传来的技术，采用了屋檐重叠的建筑结构，通过这种方式，可以保护木材免受风雨侵蚀，同时通过屋檐间隙可以引入自然风。这种结合环境的建筑在7世纪就已经存在，对我们来说是一笔重要的财富。我们采纳这种理念设计出能够利用檐口间隙产生自然通风的构造，即使在建筑内不使用空调，也能够经受不断升温的炎热夏天的建筑。这些木制百叶窗的间距是通过计算机模拟通风情况来调整的，因此，它可以在任何季节为建筑内带来舒适的风。最顶层有一个对公众开放的公共通道，这也是一种新型的阳台空间，位于内部和外部之间的中间区域，这种中间区域的智慧是亚洲建筑长期以来不断打磨出来的。我们未来要建设的不是过去那种封闭空间，像盒子一样的城市，而是开放空间的、拥抱环境的，像集合体一样的城市。

类似的智慧在亚洲古老建筑中有很多，有必要重新学习这些智慧，对新冠疫情之后的时代建筑进行重新设计。奥林匹克场馆的室内空间就是我们所设计的新型森林建筑的模板，顶部像有森林中透过树木的阳光。因此，虽然这个建筑是人造建筑，却和大自然赋予的森林一样，是多样化的、友善的，将带给我们温暖。我们希望能再一次将这种建筑理念从亚洲推向全世界。

第三次工业革命新基础设施、经济范式变革与韧性时代

全球知名思想家与经济学家，华盛顿特区经济趋势基金会主席，
《第三次工业革命》作者
杰里米·里夫金（Jeremy Rifkin）

气候变化正在发生。它已不再是理论，而是已经到来了，正在影响我们每个人的生活。地球有四个"圈"，让生命得以生存。水圈与地球上的水相关，也是地球上最主要的圈；岩石圈是指土壤、植物、树木、动物；大气圈与氧气相关；生物圈则包括所有这些领域。因为全球变暖，我们开始经历地球水圈的重新演化，这意味着我们现在正处于物种灭绝中。

现在面临的问题是，我们还在使用同一套思想来寻找解决方案，而这套思想导致了本次物种灭绝。这套思想包括我们与自然的关系，教育孩子的方法，对待经济生活的方式，治理模式的采用，甚至是我们看待自己的视角。种种理念，长期以来一直都在伴随着我们，它是我们走到现在的重要原因。但现在我们需要新的策略、新的方式，来理解人类与这个星球的关系。生活在这个水星球上，我们接下来该怎么办？

现阶段，全球 GDP 增速都在放缓。失业率较高，尤其是年轻一代，都在努力寻找可行的就业方式。经济学家预测，生产率在未

来 20 年仍然低下，增长缓慢。虽然我们目前的生活比化石燃料工业革命开始前祖先的生活要好得多，但我们也可以说，今天 45% 的人的生活与化石燃料工业开始时相比，没有变得更好，或者只是略微改善了。

我们正面临着极端天气事件，正在应对一次物种灭绝事件。我们必须问自己：如何能将这场危机变成机遇？作为一个物种，我们该如何思考未来几代人应对全球变暖的方式？

我们可以回头看看历史上的几次经济范式变革，它们都非常有趣。历史上只有七八次重大的经济生活方式转变，而这些转变都有共同的特征。在某个时刻，四种决定性的新技术会在不同领域巧合式地出现，而它们融合在一起，会创造出新的基础设施，从根本上改变人类社会日常生活的方式。

这四种不经常出现的技术变革是什么呢？第一种是新的通信方式，第二种是新的能源来源，第三种是新的移动和物流方式，第四种是与水也就是与地球上的水圈的关系出现新的变化。当这四个领域的新技术融合到一起时，它们就会带来根本性的变化，改变我们沟通、供能以及日常活动的方式，也会改变我们治理自身的方式，经济生活的组织方式、儿童教育的方式，以及我们在这个星球上的生活方式。

第二次工业革命时出现了通信革命，带来了电话、无线电台和电视；出现了能源革命，发现了廉价的石油，让人类不再需要依赖煤炭；出现了移动革命，亨利·福特让每个人都能受益于内燃机，出现了汽车、卡车以及后来的铁路、海洋和空中交通；出现了水系统革命，建造了大型水电坝、水库以及先进的水资源系统。这样的进步让我们从城市生活进入郊区生活，让我们从国内市场升级到全球化和全球市场，出现了全球治理机构，如世界银行、国际货币基金组织、经济合作与发展组织、联合国等。

然而，第二次工业革命的成果已经在2008年7月达到顶峰，当时世界石油价格达到了每桶147美元的高点，而当它达到这个高点后，许多国家的经济在2008年7月崩溃了。这就是以化石燃料为工业基础的革命带来的震动，因为一切都依赖于化石燃料。它不仅为汽车提供动力，为我们提供暖气和空调，我们的药物、建筑材料、食品防腐剂和添加剂、化妆品以及合成面料都依赖于化石燃料。因此，当石油价格超过每桶80美元时，其他产品的价格都会上涨。当石油价格达到每桶120美元、130美元时，通胀就会出现，我们将面临经济崩溃。因此，以化石燃料为基础的工业时代逐渐走向终结。

关于我们接下来该怎么办，在这里我想先分享一个趣事。当默克尔刚刚成为德国总理时，上任后几周，她就邀请我到柏林，帮助回答一个问题，那就是在她执政期间如何发展德国经济？到了柏林，我对她说："总理女士，如果德国企业与第二次工业革命的基础设施紧密相连，那德国经济怎么能发展起来呢？这些基础设施包括中心化的电信设施、化石燃料、核能、内燃机交通以及过时的水系统。过去20年，这样的基础设施在德国的总体效率已经达到了峰值，这就是为什么生产率在下降，GDP没有增长。"因此，到柏林的第一天，我们就开始探讨第三次工业革命的基础设施，即一个新的通信、能源、移动物流方式和水系统的融合设施，总理说我们将花一年时间专注于此。

新的通信革命当然是互联网。目前全球已有45亿人接入互联网，他们手中的手机具有比把宇航员送上月球还要多的计算能力，这个计算能力现在就在他们手中。

这种通信互联网现在正在与第二个"互联网"融合，即可再生能源互联网。在推动可再生能源互联网方面，中国发挥了重要的作用。现在，许多人正在家庭、社区、办公室、科技园区和农村进行太阳能和风能发电，还有成千上万的人在公司和工业领域进行太阳能和风能发电。他们会把没用完的能源储存起来，然后放在能源互联网上，这样的能源互联网正在横穿大陆，未来 20 年将跨越海洋。我们正在创建一个全球能源互联网。

这两个"互联网"正在与第三个"互联网"融合，即以纯电和燃料电池交通为主体的移动和物流互联网，它由来自能源互联网的太阳能和风能供电。而且这些交通工具越来越半自动化，可以利用大数据分析和算法来管理其移动性，就像我们在能源互联网和通信互联网中使用大数据分析和算法来管理能源和通信一样。

这三个"互联网"正在与最后一个"互联网"融合，即水互联网，由数千个小型微水网组成。当水来时，人们可以在居住和工作的地方收集水，再以分布式的方式储存水，然后利用水互联网把水分发到邻里、社区、城市、农村。

这四个"互联网"接下来可以与物联网相结合。目前我们在全球范围内部署了数十亿个传感器，形成了一个像神经系统一样的体系，可以把卫星看作大脑，传感器就是神经系统。

过去，我们已经在最大程度上优化了对水、土壤、岩石圈、树木、动物、大气等的开发、封存、商品化和宣传，已经在最大程度上优化了对这个星球的利用，能够以更短的时间间隔，最快地利用资源。这些，导致了这个星球资源枯竭。所以，我们现在需要进行一个巨大的改变，从让自然适应人类这个物种——这也是我们在过去六七千年中习惯了的做法，变到让人类这个物种适应自然。在一个更加复杂、科学驱动、技术导向的框架中，我们正在从进步时代迈向新的韧性时代。

我认为中国在这方面可以成为先行者。有趣的是，在西方传统中，总是把人类视为自然的主宰。而东方思想强调我们不要主宰自然，我们与自然不是相互独立的，要与自然和谐共存。我们就是自然，这就是东方思想。

现在，我们有机会推动人类从进步时代转向韧性时代。进步时代已经帮助了一部分人，但尚未帮助到另一部分人，而且导致了一场物种灭绝事件。现在我们需要进入韧性时代，必须减少或停止对化石燃料的使用。太阳能和风能已经成为世界上最便宜的能源之一，它们无处不在，可以在人们居住和工作的地方获得，边际成本几乎为零。

其中孕育了伟大转型的可能。我们如何使其成为现实？我们必须重新思考人类的本质。我们每个人都是独特的，我们自身就是一个生态系统，在一段时间内我们吸收了来自水圈、岩石圈、植物、动物、大气的元素，过一段时间，这些元素又会去别的地方。这样的科学发现非常重要，它用科学证明了、合理化了东方思想长期以来告诉我们的道理：我们就是自然，我们与自然休戚相关，我们不能脱离于自然而生存。我们应该用这样的思维方式，来重新思考未来我们在这个星球上的生存方式。

未来充满希望，但我认为我们已经到了一个必须发展第三次工业革命新基础设施的境地。我们必须进入韧性时代，必须进行重大的历史性转变，从让自然适应我们走向适应自然。人类这个物种必须重新思考科学的概念，必须重新设计学校的教学方法和课程，必须重新思考我们的经济活动，使其与这个有生命和有活力的星球保持一致。如果我们能够开始做到这一点，我们就能更加自信地迈向未来。

我们需要学会倾听自然，学会适应我们周围的自然世界，并创造新的科学方法，为复杂的适应性社会生态系统建模。这些都是我们将面临的机遇，它们就在那里。大家都知道，在历史上，危机会创造机会。危机越大，机会就越大。

记住，我们在这个星球上建立的整个基础设施现在都是搁浅的资产。我们的通信、能源、移动、物流，我们的生活环境，我们的建筑、建筑群等，都不是针对这个星球上不断变化的气候而设计的，它们的设计不能适应变暖的地球。如果不应对这些问题，我们会付出相应代价。

而我们面对的机会是，21世纪可能出现全新的商业方法，为全球创造数百万个新的就业机会，让每一代人都能了解到如何发展生态方法来获得商机，这就是我们的期盼。

我希望中国——它现在已经是生态文明的伟大转型先锋，未来能够与世界各地的伙伴合作，将专业知识带给其他国家，正如我们在欧洲所做的一样。生态文明告诉我们，我们都生活在一个星球上，是不可分割的，我们每个人在日常生活中所做的一切都会影响星球上的其他人。我对中国在生态文明方面的领先地位，以及创建更好的未来世代的生存方式方面都非常乐观。

人工智能促进可持续发展

计算机神经科学教授，美国四大国家学院院士，《深度学习》作者
特伦斯·谢诺夫斯基（Terrence Sejnowski）

我是特伦斯·谢诺夫斯基，是索尔克生物研究所教授，也是美国加州大学圣迭戈分校的计算机科学与计算机工程教授，希望与大家探讨使用 AI 促进可持续发展。

首先将聚焦 AI 所使用的能源问题。无论是在美国，还是在世界其他地方的企业，可持续能源已经成为一个非常重要的议题。除了使用可持续能源，我们还要考虑节约能源的问题。AI 需要大量能源。2014 年，美国的数据中心消耗了 700 亿 kW·h 的能源，约占美国总用电量的 1.8%，到 2021 年，数据中心消耗电量已经增加到了 2 000 亿 kW·h，占美国总用电量的 5% 以上。AI 的数据中心规模巨大，占地面积动辄达数十万平方米，内部拥有百万个核心。在世界各地有很多这样的数据中心，消耗着巨大的能源。我们如何减少其所需的能源量？其中一种方法正是应用 AI。

早在 2015 年，谷歌就应用 AI 将数据中心运行所需的能源量减少了 50%。数据中心需要使用数百万个核心运行程序、数据和分析程序，谷歌利用 AI 来实现负载均衡。

2018 年，我出版了一本书，中文书名为《深度学习：智能时代的核心驱动力量》，书中讲到了当代基于脑结构的 AI 计算的起源

故事，AI的重大进展是从学习非常大的数据集开始的。追溯到20世纪80年代，这些学习算法刚刚被提出之时，计算能力非常低，只能支持一个隐藏层，隐藏层可以被简单理解为连接输入和输出之间的神经元。但是现在，我们可拥有数百层这样的隐藏层，能解决许多更加复杂的问题。而在20世纪80年代，我们并不知道这些大型网络究竟能扩展到什么程度，以及扩展后它们的能力会如何延伸。在当时美国非常受欢迎的电视节目《星际旅行》中，舰长柯克手持一台语言翻译器，它是一种通用语言翻译器，可以翻译任何语言。在当时，这还是科幻剧中的情景，但今天我们都可以拿起手机，用它进行中文和英文间的翻译。科幻变成了现实，这要归功于深度学习的表现，语言翻译是AI的"圣杯"。

这一切在2022年发生了变化。2022年11月，OpenAI推出了名为ChatGPT的大语言模型供公众使用，在全球产生了巨大影响。因为这样的大语言模型能够与人交谈、回答问题，写短篇小说、诗歌，甚至可以编写计算机程序，这些都是很复杂的问题，而只要一个网络工具就解决了所有问题。这是一个拥有多种能力的工具，目前全球有许多人都在使用它。这些语言模型很特殊，它们是在非常大的数据集上训练出来的，人们在非常大的文本数据库上训练它们去不断预测下一个单词。

2023年3月推出的GPT-4使用了来自网络和专有数据库的数万亿个单词文本来训练，它可以用于回答问题，也可以执行许多不同的自然语言任务。GPT-4在非常大的数据集上被训练了几个月，花费了1亿美元。训练巨大的神经网络、巨大的语言模型是非常昂贵的，一旦训练完成，就可以完成许多不同的任务，并且可以使用更小的数据集进行微调，使其在生物学、法律或医学等特定领域变得专业。如果一个公司本身拥有很大的数据库，也可以被微调进大模型中，模型之后就能产出特定的专家数据集，可以被用于多种应用中。

现在让我们再看 AI 所消耗的能源。1985—2025 年，前期训练不同的网络模型所需的计算量到了后期在数十倍增长。我们拥有的算力实际一直在指数上升，这被称为"摩尔定律"，每两年算力可以翻一倍，训练 GPT-3 所需的算力是 20 世纪 80 年代训练神经网络 NETtalk 的 10^{12} 倍。

在算力消耗如此快速的情况下，即使专门设计的计算机，也仍然需要很多电力。我们如何减少功耗，提高效率？现在有一种新科技，叫作"神经形态工程"，最早于 1989 年由卡弗·米德提出，运行原理与大脑运行原理一致。我们的大脑只需要 20 瓦特的能源就能够运行，这比任何电子计算机都要高效，它运行的基础是神经元的模拟运算。卡弗做数字计算所使用的芯片，只在其阈值上运行，因此只需消耗毫瓦级别的电量，而数字芯片正常需要用许多瓦特。卡弗后来证明，在接近阈值的情况下，芯片的物理特性，即非线性的特征与神经元中离子通道的生物特性非常相似，这使得这样的芯片模拟神经元非常高效。那么，神经元之间靠什么通信呢？它们靠神经元脉冲来交流，显然我们也可以在电子器件中模拟这样的通信。我们可以将很多这样的模拟超大规模集成电路芯片连接在一起，让它们之间能够通信，这样就形成一种非常好的混合计算解决方案，这样的芯片群可以为许多不同类型的网络模型提供算力，比如，用于识别图像中的物体的深度学习网络模型，当然还有大语言模型。

为了让大家能够体会模拟超大规模集成电路芯片是如何工作的，以卡弗的学生托比·德尔布鲁克发明的动态视觉传感器（DVS）为例，DVS 工作的原理非常不同。首先，DVS 如同我们的神经元一样，可以发出脉冲。我们的大脑实际上就是这样观察事物的，大脑不会看到实际的画面，只会看到我们视网膜的脉冲数据。

实际上，脉冲会一直向上传递，传过不同的视觉层级，大脑实际看到图像的方式，与我们以为大脑处理图像的方式，是非常不同的。

神经形态工程在过去 30 年中，技术逐渐成熟。据我所知，目前有 37 家初创企业在开发这项技术，用在不同的应用中，机器人是其中的重要领域之一。这些芯片非常轻巧，能源消耗非常低，而且价格很便宜。AI 想要减少能源消耗，这就是解决方案。很明显，这项技术要比传统芯片优越得多。在这些初创企业中，将出现下一个英伟达，这些企业遍布全球，将是 AI 硬件的下一个进步。

我写了一本新书来讲大语言模型，名字叫作《深度语言革命》，计划由麻省理工学院出版社于 2024 年出版，它也将被翻译为中文。我的上本书《深度学习：智能时代的核心驱动力量》写作于 2018 年，这本新书将接着上本书讲起。AI 领域正在发生巨大变化，这些变化发生得非常迅速，也很难预测它的发展方向，或者下一个新的突破将是什么，将可以解决什么问题，但有一点是确定的，无论下一个突破是什么，都将对我们的生活产生巨大影响。这就是《深度语言革命》要讲述的故事。

基于技术视角对 ESG 的重新思考

《连线》杂志创始主编，《5000 天后的世界》作者

凯文·凯利（Kevin Kelly）

过去 40 年，我一直在研究技术，我发现技术是变革的力量，是世界上变革中最重要的力量。我们可以从技术的角度重新思考一下 ESG 带来的意义。

苹果公司是一个神话缔造者，它创造了 iPhone。很多利益相关者在共同生产 iPhone 等设备，公司领导、雇员、生产者及外部平台、社会、环境等都是 ESG 的范畴，所有的必要元素会让 iPhone 更容易生产出来，它还涉及电力、互联网和道路桥梁等基础设施，我们晒到的阳光、呼吸到的空气，都与 iPhone 生产有关，它们都叫外部利益相关者。

这是一个很复杂的体系。我们需要计算机去生产农业机械，农业机械又去生产杂货店的食物，商店需要进行销售，又卖给制造电脑的人等，不断循环。各个环节都是相扣的，非常复杂，这都是 ESG 的范畴。

ESG 不是某一个商业主体、公司或者哪一家机构。我们需要转变过去的观点，去思考需求、思考动态的变化。客户不仅仅需要雇员，需要生产，还需要电力，需要基础设施，需要道路，甚至需要信息技术，需要技术推进发明等，必须不断地推进政策在正确的道

路上。还要有法律来保证行使，要有良好的自然环境，才能维持上述所有东西。

外部系统应该是我们谈论的 ESG 重点。任何一个主体自身的成功和整个外部系统息息相关，必须找到优化外部系统的方法，需要给它一些原料供养，需要照顾到其他的利益相关者。如此，在做自己的会计核算的时候，需要计算投资的外部平台，投资的其他技术，还需要为社会、环境做投资，这都会增加成功的概率。

如下图所示，这个三角形涉及三个方面：第一是全球主义，第二是包容主义，第三是长期主义。我认为这是从技术角度来思考 ESG 的三大支柱。

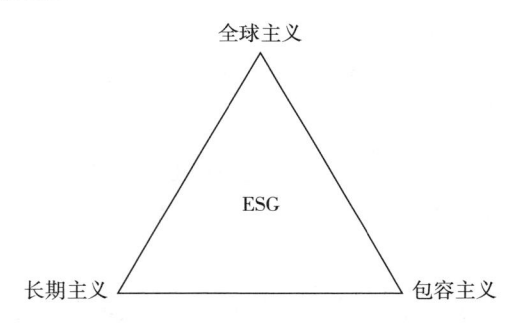

```
           全球主义
              △
             ESG
      长期主义    包容主义
```

第一，全球主义。我们要缔造一个全球规模的机器，它属于整个体系的一部分，是一个技术有机体。这个机器包括道路、电报、电话、供水、飞机等基础设施，甚至我们还可以想象全世界的数据中心、设备都连接在一起，成为一台电脑去运行，这将是一个动态的系统。很多国家把所有的数据，比如股票市场数据都同步在一起实时展现，这使所有国家连成一个经济体、一个平台、一个全球的操作系统。我们需要投资并维护这样的机器。如果没有这个机器的安全，就没有所谓的国家安全，没有所谓的个人安全。

远程工作方式将会变得越来越普遍，不仅仅是用 Zoom 这样的远程平台，甚至在同一间办公室里，同一个会场里我们都可以进行远程工作和协作，可以在新纪元里面与环境、平台一起共存。这是ESG现在所关注的系统，需要进一步地投资和探索，让这样一个系统变得更好，为我们的成功赋能。

第二，包容主义。它关乎多样性和差别性，我们需要促进公平，它能让我们的世界变得更好。实际上，要在全世界范围内实现经济和科技的创意与创新，我们需要差异化的思维让新想法诞生。我们需要更多地思考，让不同背景、不同国家、不同性别的人来实现创新。我认为更重要的是AI，它将会帮助我们更好地、差异化地思考。

实际上AI有各种各样的类别，有不同的思维模型，有完全不同和多样化的信息源输入，它实际上是非常多的大脑的集合体。它能够把这些大脑中的差异性综合起来，这实际上会让我们看到多样化的思考结果、不同思维方式的可能性，帮助我们变得更好，实现创新。

AI不会替代人类，我们需要与AI进行深度合作，让它帮助我们解决一些人类不能解决的问题。没有人会因为AI而失去工作，"工作"这个词的定义会发生变化，有了AI就有了一个"N+1+1"的助理，它可以充当合作伙伴、辅助驾驶、向导、实习生等角色，会帮助我们进一步思考。如果与AI的合作非常完美，我们还可能因此而获得更高的工资。

第三，长期主义。我之前参加一个项目，是在一座山里面建一座钟，要让这座钟持续运作一万年。如何做到这一点呢？如果仅仅考虑当下，可能无法建成这样的钟。未来会有非常多的变化，政策、经济、商业都会在未来以较为缓慢的速度发展。这都是目前ESG需要考虑的部分，我们需要以长远的眼光，考虑这种速度的变化，在各个方面更好地理解未来。就像这座钟可能不会匀速运行一万年，我们非常想知道未来会以怎样的节奏和速率去运行。如果每年经济都增长1%，哪怕中间经历衰退，实际上也会被长期复合的增长抵消，这样的长远眼光让我们变得更加积极。如果现在有 1% 的负面影响，随着时间的推移就会被淡化，长期主义可以抵抗更多的风险。

要进一步研究 ESG，我们就要思考未来发生的事情，不论是经济还是社会，其变化都是一种缓慢积累的过程。乌托邦是虚幻的，但是目前的世界是反乌托邦的，是大家觉得充满着风险和危险的。我们不希望生活在反乌托邦的世界。

未来，我们会生活在一个什么样的世界呢？我觉得是"进托邦"的世界，这个世界在不断发展，不断前进，一年比一年好。如果每年都能积累进步和积极的能量，哪怕只是一点点，这种"进托邦"是能够达到的，并且 ESG 能够帮助我们达到。

不积跬步，无以至千里。10 年的时间，我们能够实现目前看来不可能的奇迹。我们目前面临的问题并不少，但我们解决问题的能力也在与日俱增。看似不可能的突破需要积极的精神，我们需要坚定相信我们能够创造一个"碳中和"的世界，能够创造一个更好的、可持续的世界，就像我们曾经以为自己不能飞，但现在可以借助飞机飞行一样。未来由积极主义者塑造，我们有更多的信仰，更多的积极观念，就能创造一个未曾想象的未来。

利用 AI 推动教育模式创新，提升人类智慧与潜力

可汗学院创始人、CEO
萨尔曼·可汗（Salman Khan）

可汗学院是一个非营利组织，致力于让世界上任何地方的任何人都能免费得到世界级教育，我们提供 50 多种语言的服务，覆盖超过 1.5 亿个注册用户。我个人的教育背景主要在技术与金融领域，但后来一直从事教育辅导工作。我最初创办可汗学院是希望为家人提供学业辅导，后来逐渐为更多人提供辅导，为他们制作视频、提供个性化软件。多年以来，我创办可汗学院的目标始终如一。我时常问自己，什么是世界级的教育？如何能够接近这样的教育水平并提供给数千万甚至数十亿人？可汗学院过去的做法包括提供可汗学院视频、个性化软件，帮助学生实现精熟学习等。

在传统教学体系中，如果学生只考了 70 分，很可能有 30% 的内容并不理解，但整个班级会继续进行下一个概念的学习，而学习的内容常常就基于这 30% 的学生不理解内容。学生会不断积累不理解的内容，最终在学业上遇到困难。但可汗学院一直坚信，学生应该在自己的时间和节奏下学习。如果他们有不理解的概念，应该被允许继续学习这些概念，并进行练习、获得反馈，将理解水平提升到 100%。这近似于一位优秀的家教在做的事情，有条件的家庭经常会请家教，家教会一直帮助学生学习直到他们完全掌握这些概

念。但这不是主流的教育方式，因为成本太高，我们一直在努力通过技术、软件、视频等途径来接近精熟学习的方式。

2022年生成式AI面世，引起了人们的关注。我们在此前一年就与OpenAI签署了保密协议，在GPT-4的版本上进行了研发，远早于ChatGPT向大众公布的时间。ChatGPT向公众公布的免费版本基于GPT-3.5，但当我们看到GPT-4的能力时，我们发现了机会。尽管它存在着一些缺陷，比如会出现幻觉和数学方面的错误，对于安全性、隐私、学生作弊等问题我们也和大家一样存在疑虑，但通过适当的安全机制、防护措施、基础设施和工程设计，大语言模型实际上可以逐渐接近优秀的家教或教学助手角色，甚至能够做到更多。

因此我们在2022年一直努力研发，最终在2023年3月与GPT-4同时推出生成式AI家教和教学助手Khanmigo。我知道人们对生成式AI有许多担忧，其中一些是合理的，它可能被用于欺诈，被学生用于作弊，但我希望展示并且也在数以万计的用户中以及一些主流学区中展示了，可以使用生成式AI引导孩子们持续学习，这不是告诉他们答案，而是以苏格拉底的方式引导他们，帮助他们解开难题，帮助教师制订课程计划，批改试卷，制定评分标准，编写进展报告以及做其他能让教师节省时间和精力，更好地为学生服务的事情。

使用生成式AI，在写作教育上，不仅能支持学生学习并为他们提供反馈，还能帮助减轻作弊问题。ChatGPT并不是为教育而创造的，它可以被用于作弊。但当学生在Khanmigo上写论文时，Khanmigo可以向教师汇报，不仅包括汇报论文本身，还包括学生完成论文的过程。AI会说："我和学生一起合作完成了这篇论文，我们一起合作了4个小时，在写论点陈述时遇到了困难，但最终成功了，我在阐述论据方面帮助了学生。"看到了这样的反馈，教师就可以确定这确实是他们自己学生的作品。而如果学生在 ChatGPT 上生成论文，将其复制粘贴到 Khanmigo 中，那么 Khanmigo 会告诉教师："我没有和学生一起合作写这篇论文，我怀疑存在作弊。"

我们正在从多个维度研究生成式 AI，希望能够支持学生、减少作弊行为，并且也在不断寻找更好的支持方式，做到甚至超越优秀家教所能做到的事情。在 Khanmigo 上，学生可以与历史人物或文学人物的模拟角色进行交谈，可以与 AI 进行辩论，练习逻辑思维能力。他们可以使用 AI 作为职业或学术导师，或者将其用于模拟面试类的场景，无论是面试他人还是接受面试。现在生成式 AI 仍然处于早期阶段，我们正在为 AI 添加记忆、执行文本到语音或语音到文本的转换等。两三年后，我认为人们可以像与人类交谈一样与 AI 家教或者教学助手交谈。

现在是一个非常令人兴奋的时刻，但也是一个必须小心谨慎的时刻。AI 会带来副作用，会有一些人存在负面意图，试图以对人类不利的方式使用生成式 AI，但生成式 AI 本身是中立的，它只是人们意图的延伸。因此，我认为各类关注 ESG，关注社会和教育组织的人都必须投身其中。这些关心人类、希望用合伦理的方式使用 AI 并为人类做出贡献的群体，如果能够主动小心谨慎地利用 AI，就有机会利用这一技术转折点，减轻风险并真正最大化益处。

我们可以利用 AI，来提高 HI（人类智慧和潜力）。

技术应用促进自然资本保护

富达国际全球首席可持续发展官

陈振辉（Jenn-Hui Tan）

我认为，自然向好将与净零排放一样重要。

首先，什么叫作自然向好？什么又是自然资本？自然资本是可再生的和不可再生自然资源的总存量，包括水、食物、土壤等。这些自然资本的组成部分共同为生态系统服务，包括授粉、养分循环、淡水供应等，而我们可以从中获得社会和经济效益。在此背景下，自然向好意味着到2030年停止和扭转自然资本的丧失，并力争到2050年实现自然资本的完全恢复。目前，我们离这两个目标还有点距离。1970年以来，全球野生动物种群数量平均下降了约70%，拉丁美洲和加勒比地区的野生动物种群数量下降尤多。当前，已有超过100万种动植物面临着灭绝的危机。

那么，导致物种濒危、生物多样性和自然资本丧失的原因主要有哪些？我们怎样通过技术应用促进这一问题的解决？

第一个关键因素与人类经济活动息息相关，部分经济活动让人类不断地掠夺和攫取自然资源。陆地和海洋的用途改变是首要原因。当前，大约50%适宜生物居住的土地被用于农业生产，研究预测在2050年，我们的土地生产将会继续上升，为了养活地球上的人类，我们需要进一步增加土地使用到67%，但是现在使用土地的方式过于极端。我们可以看到人类在土地和海洋使用上的一些改变。现阶段，森林面积已经大大减少，耕地的扩张、畜牧业及城市的发展导致大量森林被砍伐。而今天的技术发展能够减少森林退化的风险，如进行高效的农业实践、减少食物浪费，进行可持续的林业管理等。展望未来，我们也看到了很多技术领域的机会，如培养肉等。

第二个关键因素是人类直接开发，即对生物的直接利用，会影响野生动物繁殖。截至目前，90%的鱼类资源已经被我们所利用和食用，超过其持续繁殖的速度。这种情况造成的相关灾难我们已经有目共睹，现阶段全球50%的GDP都依赖于自然，包括一些关键领域，如医药、建筑、生产行业。如果经济衰退高达10%，会面临更加严重的后果。

第三个关键因素是污染。我们现在面临的最紧迫的问题是要减少塑料污染，因为大量的塑料废弃物被直接排入海洋，威胁到海洋的生态系统。未来，我们可以更多地在塑料循环回收领域发力。世界上已经产生了70亿吨的塑料，其中只有10%被真正回收，因此，这一领域存在巨大的潜力。当前已经有一些回收、循环、减少塑料污染的解决方案，未来我们可以通过垂直农业、AI等更多技术来更好地应对污染问题。

我们的下一代会面临更加严重的生物多样性损失，同时，生物多样性也将成为下一代投资的关键领域，每年用于生物多样性保护的资金缺口在7 000亿美元左右，这也是影响气候变化的重要因素。现在，政策制定者已经开始关注生物多样性，在蒙特利尔举办的COP 15提出了生物多样性的关键问题，全球生物多样性框架需要得到各界政府的关注，成为政府的主要驱动力。

ESG 披露、评估体系的问题与挑战

哥伦比亚大学可持续管理教授、可持续发展政策及管理研究中心副主任

郭栋

近期,尤其在西方国家,在 ESG 领域还是出现了一些不同的声音,下面与大家分享我的几点看法。

第一,ESG 指标的多样性符合人们对物质需求的基本逻辑,也就是经济学上讲的"偏好的凸显"。这指的是我们往往更看重物质的多样性,如果大量囤积一种商品,其价值就会随着数量的增加而递减。因此,当经济发展到一定程度的时候,需要引入更多维度的指标才能更加全面地考量社会整体的进步,是否惠及更多的人,是否伤害下一代的发展权利。从这个角度上看,ESG 与企业践行可持续原则,对关注长期稳定回报的投资者来讲,依然是至关重要的,这点不应被否认。

第二,管理学家经常会讲"没有指标就没有管理",我们早期面临的问题正是指标的欠缺。无论是管理的可持续性,还是让企业践行可持续原则,面临的主要问题都是指标的欠缺,包括 ESG 指标及指标框架的不完善,而更大的问题却在数据层面,包括数据的缺失以及可靠性不足。只有指标,而没有及时可靠的数据,我们也无法进行决策,评估进展。

目前的指标太多、标准太多,我们如何选择,如何建立普遍被

大家接受的标准，是一个迫切需要解决的问题。但怎样提高数据的获取能力，实际上也十分重要，甚至更加重要。我们选择指标往往也是根据有没有数据、数据获取的难易程度而决定的。数据欠缺这一点是业界及学界很少提到的，需要更多的关注。

在万得数据库，披露 ESG 报告的沪深 300 成分公司中，更常披露的环境指标包括是不是就气候变化风险进行讨论、是不是重点的排污单位、是不是就气候变化机会进行讨论这一类定性指标，只有这三个指标的披露率超过 50%，而环保超标、其他违规的次数、废水综合利用率等定量指标的披露率反而不到 1%。社会指标也同样，有没有客户反馈系统等定性指标披露率很高，而兼职人员占比、本地供应商占比、进行 ESG 评估的供应商数量这些更能反映利益相关方的定量指标的披露率都是零，治理指标也类似。

披露率低也是因为企业对专业 ESG 指标的处理能力有所欠缺，公司需要在理解指标要求时，得到更多的专业支持。例如，碳排放量是衡量环境指数的关键性指标，但很多公司往往对如何计算碳排放量并不了解，特别是当需要把碳排放量细分到直接排放、间接排放和其他间接排放的范围时，也就是我们讲的范围 1、范围 2、范围 3，很多公司的了解程度有限。其次，很多公司对于指标背后逻辑的理解也有所欠缺，导致披露的角度和内容无法满足监管者和资本市场关注这些指标的真正动机。例如港交所要求上市公司披露供应商区域分布的情况，是为了鼓励本地化采购，减少运输过程当中的碳排放，但是很多公司并不了解 ESG 具体指标对其股东、其他利益相关方和外部评级机构的重要性，所以他们会选择披露难度小而非最重要的指标数据。

另外，在大量的 ESG 披露准则面前，很多公司并不清楚究竟需要披露哪些 ESG 信息。仅在构成沪深 300 指数的 300 家公司里，不同证券交易所、行业协会、学术机构发布的 ESG 指南就十好几种，而对第三方评级机构而言，因标准不一，计算方法也不一样。同时，这些数据都由公司自己提供，很少经过第三方验证，而且评级机构在设定不同指标权重时，随意性也决定了针对同一家公司，不同评级机构的评级可以大相径庭。这与企业的信用评级有很大区别，不同机构给出的信用评级相差无几，但五家ESG评级机构对同一公司的ESG评级相差可能会非常之大，这给投资者及利益相关方带来了很大的不确定性，使ESG评级的可信度、采用度都大打折扣。

  第三，也是企业和投资者最想知道的一个问题，ESG是否可以增加企业的财务和金融绩效，增加投资的超额回报。比如美国市场中的ESG基金跟大盘指数基金基本上没有区别，反而因为贴上了ESG标签，收取更高的费用。目前中国市场的ESG基金也很多，增长也很快。表面上看，尤其是在市场比较好的时候，ESG基金似乎存在超额回报，但仔细看来，这些ESG基金的投资标的实际上与成长性基金没什么不同。我们曾做过相关研究，2022年表现较好的一只ESG基金，前十大持仓中有六个都是白酒公司，而对于很多西方的ESG标准，首先要剔除的可能就是酒类公司。当然我们可以说东西方文化不同，ESG标准需要因地制宜，但即使考虑因地制宜的因素，也很难说明为什么白酒行业比起其他行业更加可持续，需要在十大持仓中占到六个。

  遗憾的是，目前没有确凿的研究表明，包括经济学、金融学等比较严谨的因果关系研究，ESG可以带来超额回报。很多ESG单项指标都与某些财务绩效指标相关，特别是针对公司内部的绩效指标，比如公司回收再利用、减少废物会带来成本的降低，也可能会提高利润率。但同时，我们也发现至少没有明显的证据证明ESG会降低财务指标，最起码没有负的相关关系。另外，很多ESG指标对财务指标的影响可能是间接的，比如通过绿色声誉或员工认可度间接影响财务绩效，考虑随着时间的拉长和环境、气候等限制的增加，也许这些间接关系会变得更加明了。

关于 ESG 回报的相关研究数以千计，总结来看，某些 ESG 指标在某些时期，对某些财务指标的确存在正向的影响。但就 ESG 整体而言，我们必须要承认 ESG 与财务绩效尤其是与金融市场的表现之间，仍存在着一个广泛的中性关系，尤其是在投资者更为关注的较短的回报周期中。当然我们也不需要过分悲观，不管是 ESG 还是可持续，都是一个较长期的概念，甚至涉及代际公平，大多数研究关注的还是短期的时间框架，这就可能会忽视 ESG 更大、更长期的好处。

例如，环境可持续性本质上与长期的时间框架相关，从而可能降低短期的显著性。同时，市场可能也需要较长的时间才能正确地评估 ESG 对公司整体估值的影响。公司股票市场的估值尚未被纳入 ESG，金融市场在意风险与回报，但目前尚处在计算气候风险，并将气候风险纳入估值模型的阶段。所以，在市场给予认可之前，企业要花较长一段时间去积累财务利润，才会成为新的估值、价值。最后，从 ESG 的兴起至今才经历了很短时间，我们也还没有足够长的时间轴的数据去验证 ESG 能否在较长的时间带来稳定且超额的回报。

当然对很多投资者以外的利益相关者群体而言，超额回报可能也不是目的，也许我们更需要的是摒弃这种投资者或股东权益至上的传统理论，而真正践行可持续和 ESG 推崇的三重底线的理论。在重视经济回报的同时，我们需要同等重视企业的社会与环境影响力，并建立平行的评估体系，而不是简单地将非财务绩效货币化。

ESG 阶段性退潮的原因与解决

新加坡驻联合国前大使，新加坡国立大学亚洲研究所卓越院士
马凯硕

在世界范围内，ESG 相关态势出现了一定的倒退。我想就此谈谈为什么目前出现了这样的倒退，我们又应该如何解决这样的问题。

首先，出现倒退态势的一个明确原因来自地缘政治的紧张局势。比如，当欧盟国家无法购买廉价的俄罗斯天然气时，它们不得不去寻找其他的能源来源，而最终使用了传统的煤和化石燃料。我们都知道煤和化石燃料的燃烧对全球环境非常不利，这对我们对抗气候变化的努力而言是一个挫折。因为这一决定，许多公司，特别是欧洲公司不得不减少已承诺实现的 ESG 目标。此前，我在名为 *Eco-Business* 的期刊上看到了一篇文章，把目前地缘政治紧张局势带来的结果梳理得很好，这些结果就是我们应该关注地缘政治维度的重要原因，因为它影响了我们对抗气候变化的努力。

我想强调的一个关键点是，我们不可能面面俱到，我们必须知道什么是最重要的目标，关注于解决最重要的目标，放下次重要的目标。对人类而言，今天最重要的目标是什么？毫无疑问，就是对抗气候变化。2023 年夏威夷山火，使夏威夷从人间天堂变成人间地狱。这也是为什么在某种程度上讲，联合国秘书长安东尼奥·古

特雷斯的话具有先见之明，他说："全球变暖的时代已经结束了，全球沸腾的时代到来了。"

  这些事情的发生，都在告诫我们，应对气候变化应当是我们的首要任务。我们所有人，80亿人中的每一个人，都应该把应对气候变化作为我们的首要任务。过去，地球上的80亿人，生活在各自的国家中，如同生活在不同的船上，每艘船都有船长和船员，一艘船上发生的事情不会影响其他船上发生的事情。但是现在，世界变小了，我们生活在一个小小的、相互依赖的地球上。这类似于我们80亿人都生活在同一艘船上，只是在不同的船舱里。但是我们这艘船的悲剧是，有船长和船员照顾每个船舱，但没有船长或船员照顾整艘船。如果这样一艘船真的存在，我相信我们中没有任何人敢于乘这样一艘船出海。因为我们知道这样的船注定失败，会沉没，而同样地，这正是我们与气候变化斗争失败的原因。每个国家都在专注于自己的船舱，而没有关注整个世界，这将是一个挑战。

  对于人类，这是很不幸的。如果我们毁灭了地球，没有另一个星球可以代替它，因此，我们优先级最高的任务应该是拯救地球。联合国秘书长安东尼奥·古特雷斯在2022年第27届联合国气候变化大会上说过："我们的星球正在快速接近临界点，这将使气候混乱变得不可逆转，我们正走在通往气候地狱的高速公路上，而我们的脚仍在油门上。这是我们所处时代的核心问题，是这个世纪的中心挑战，把它放在次要位置是不可接受的、令人愤怒的，也是一种自掘坟墓的行为。"

  安东尼奥·古特雷斯十分明智，也十分勇敢。顺着他讲话的逻辑，他接下来应该做的，是告诉世界上的所有国家，放下所有其他关切，专注于对抗气候变化，这将对整个世界都有利。如果联合国秘书长安东尼奥·古特雷斯能有这样的政治和道德领导力，去说服所有国家，各国就能放下各自的地缘政治分歧，专注于对抗气候变化。这也是我为什么写了《中国的选择》这本书。我在书中总结时强调，鉴于我们对抗气候变化问题的迫切需要，美国和中国都应该专注于对抗气候变化。因此，我希望像阿尔·戈尔、约翰·克里这样的气候导师能够更加努力地说服美国人民，告诉美国应当与所有其他国家一起，把对抗气候变化作为头等大事，其他一切都应当暂时搁置。越来越多的中国公司能够在这个领域发力是非常好的事情。

第四章　ESG 行动方案

第五章

中国企业的 ESG 实践

ESG理念与推动我国经济高质量发展的战略目标高度契合，成为推动我国产业转型、实现可持续发展的重要抓手。当下，ESG在引领绿色发展变革与企业可持续转型中的作用日益凸显，越来越多的投资者和利益相关方正在将ESG因素纳入决策过程，推动企业以更加负责任和可持续的方式运营。对企业来说，ESG已不再是一种附加价值，而是发展的必然选择。

　　本章汇集了来自四大国际会计师事务所及国际咨询机构对企业和组织可持续转型的方案与建议，来自消费、地产、交通、车辆制造、能源、高端制造、农业及医药等行业头部企业ESG的实践经验与解决方案，以期为我国各行业、各企业践行ESG战略，实现产业绿色低碳转型，抓住新经济浪潮下的发展机遇提供借鉴。

ESG 赋能中国经济高质量发展

ESG 赋能中国经济高质量发展

中国发展研究基金会秘书长

方晋

ESG 与高质量发展的关系

党的二十大报告指出，高质量发展是全面建设社会主义现代化国家的首要任务。高质量发展是一个全局性、动态性、长期性的任务。它不仅关注经济总量，更追求经济、社会、环境等方面的综合发展，它的目标是动态演化和完善的，过程也是长期、复杂、艰难的。

ESG 的理念与高质量发展高度契合。它要求企业在经济活动中综合考虑经济、环境、社会、治理的因素，进而实现企业和利益相关方的可持续发展。ESG 理念源于环境保护、企业社会责任、可持续发展等一系列思潮，随着经济、社会、环境的发展不断地更新和迭代，为经济高质量发展提供了一个全局性、动态性、长期性的政策工具抓手。

ESG 如何赋能经济高质量发展

当前 ESG 从多个作用渠道赋能经济高质量发展，已经产生了很多积极影响。下面以绿色发展为例解读。

在企业层面，ESG可以推动企业绿色转型。一是ESG激发了企业的绿色创新活力。例如，日化企业推出100%再生塑料瓶身的产品，开发植物来源的活性剂等原材料，可以在满足消费者卫生健康需求的同时减轻环境足迹。二是ESG可以助力企业形成绿色商业模式。ESG要求企业将环境绩效管理贯穿于战略、生产及产品服务。例如，一些蓄电池公司致力于设计和生产能够实现高达99%的材料可回收并再利用的汽车电池，开创了闭环回收系统，已经在一些市场得到较为成熟的应用。此外，ESG还可以帮助企业明确绿色转型战略、制订转型计划。

在行业层面，ESG促进了不同行业差异化的绿色发展实践。作为金融领域重要的组成部分，银行业在ESG发展中具有重要的作用。2022年6月银保监会印发《银行业保险业绿色金融指引》，首次明确要求"银行保险机构应当有效识别、检测、防控业务活动中的环境、社会和治理风险"。这要求银行保险机构从资金供给的角度引导和监督企业进行ESG管理，从市场的角度约束和规范企业行为。在物流行业，一些仓库业主在仓库屋顶投资安装太阳能电池板，产生的电力首先用于满足仓库自身运营和仓库租户的需求，多余电力出售给电网。在这种模式下，仓库业主不仅可通过收取租户电费和销售电力获得收入，而且可省去仓库用电成本，降本增效。还有一些园区通过雨水收集与循环系统，既满足了自身的用水需求，还避免了大雨对园区的负面冲击。

此外，ESG可以带动产业链绿色转型。ESG表现好的企业能够将经济效益与社会效益相结合，充分考虑其他利益相关方，整合产业链资源，推动产业链协同创新，使全社会共享企业发展成果。例如，钢铁行业是碳排放密集的行业，矿石生产商可以和钢铁企业共同探索研究低碳钢铁技术，达成合作，助力钢铁行业价值链脱碳。深圳的绿色低碳产业龙头企业就在发挥引领作用，在上游重要环节与优质供应商开展技术和股权投资的深度合作，带动新能源、新能源汽车等绿色低碳产业蓬勃发展。

ESG 还可以赋能区域绿色转型，助力绿色低碳市场发展。深圳碳市场运行以来减排成效显著。截至 2020 年年底，在深圳碳市场运行下，深圳管控制造业企业平均碳排放强度下降 40%，增加值平均增长 62%，实现碳排放量、碳强度双重下降。深圳也在通过政策制度设计推动 ESG 投资发展。《深圳经济特区绿色金融条例》提出，符合要求的金融机构要强制开展环境信息披露，加强绿色金融制度建设与产品创新，分步骤推动全市投融资金融机构和接受投资的企业开展环境信息披露，对符合条件的绿色融资主体，探索开展对包括高碳资产、碳排放、碳足迹在内的碳信息强制披露。

在环境保护外，ESG 也融入传统社会责任的理念，能够促使企业统一经济价值与社会价值。

企业 ESG 实践的挑战与对策

企业是重要的经济主体。企业践行 ESG 理念仍然面临着准则繁多缺少指引，缺乏相关理念和实践方法论的智力支持，激励和约束的机制尚不健全，市场配套支持尚不完善等一系列问题。可考虑从以下几方面着手，进一步推动企业践行 ESG 理念，让 ESG 更好赋能经济高质量发展。

第一，为企业践行 ESG 提供便利。监管机构、行业性机构可以制定具备科学性、包容性、通用性的与国际相接轨的 ESG 信息披露标准并提供指引以降低企业的披露成本。应注意为不同企业的 ESG 管理提供更具针对性的指导，促使更多企业应用 ESG，特别是中小企业，而不仅是大型企业。要培育更多 ESG 领域的专业人才，鼓励高校开设 ESG 相关课程并加强实践。

第二，为企业践行 ESG 提供动力。监管机构可以通过鼓励 ESG

信息披露，逐步提高对 ESG 信息披露的要求，惩罚虚假披露、不完整披露，来提供更直接的激励。财政部门可以在可验证的环境和社会绩效上，提供差异化和精细化的财税政策。

第三，提高企业对 ESG 理念的认识。央企上市公司在 ESG 信息披露方面发挥着"领跑者"和"主力军"的作用。438 家央企控股上市公司于 2023 年实现 ESG 信息披露的全覆盖。央企 ESG 绩效的进一步提升也可以起到表率作用。

第四，完善相关市场建设。2021 年全国碳市场开市，交易总体平稳有序。一些碳市场机制有待发挥和充分利用，如逐步设置排放总量上限、逐步扩大覆盖范围、与绿电市场联动和运用好中国核证减排量（CCER）市场等。

ESG 的社会维度与社会企业的发展

中国乡村发展基金会执行副理事长
刘文奎

ESG 的价值内核与发展

ESG 的价值内核在于提供全面的企业评价体系。传统财务指标只能反映一部分企业绩效，而 ESG 倡导不仅关注企业的财务绩效，更需关注企业对环境、社会和治理方面的影响及其可持续发展能力，也就是要考虑更全面的因素。

ESG 的发展对全球经济、社会和生态环境的可持续未来产生了广泛影响。在全球经济层面，它推动全球产业链和资本市场关注环境和社会责任，实现经济和非经济效益的统一。在资本市场方面，ESG 的普及提高了资本市场的资源配置效率。在社会发展方面，ESG 改善了劳动市场，促进了性别平等和员工权益保障。在新商业模式创造方面，ESG 激发了绿色消费理念，增加了对绿色产品的需求，带动了绿色商业模式的形成。在生态环境方面，ESG 鼓励产业向可再生能源等绿色领域转型，减少了对传统能源的依赖，改善了自然资源的利用效率，有助于实现"双碳"目标。因此，ESG 能帮助全球各个国家和地区更好地协调经济发展，促进社会和谐及生态保护，并通过前瞻性地调整资源配置促进全球经济高质量、稳步发展。

ESG的价值内核与我国高质量发展、乡村振兴、共同富裕等战略目标高度契合。乡村振兴需要关注社会公平、资源合理利用和生态环境保护，而企业积极采用ESG理念，关注农民和低收入群体的利益，可以更好地支持国家在这一领域的战略目标。通过践行ESG理念，企业可以在乡村振兴中发挥更积极的作用，为国家的可持续发展做出贡献。

中国自2016年以来积极推广ESG理念。国务院国资委发布工作方案要求央企上市公司提升ESG绩效，争取在2023年全面披露ESG报告。MSCI引入A股ESG评级，鼓励更多企业提高ESG信息披露质量。这些措施均表明中国也正在积极推动ESG在资本市场中的应用，并为可持续发展做出努力。然而，虽然ESG和可持续发展目前在国内已经引起了企业的广泛关注，但仍集中在环境领域的绿色投资方面，而对于社会责任和治理领域的投资目标，还缺乏深入的探索和实践。

ESG的社会维度

ESG的社会维度具有显著的社会价值和社会效益。ESG中"S"（社会）维度涵盖的主题众多，全球报告倡议组织发布的GRI标准把它们分为四个板块，一是雇佣惯例和体面工作，如职工权益保护；二是人权议题，如非歧视政策；三是社会责任，如公共关系、社会公益事业、脱贫攻坚成果、乡村振兴工作；四是产品责任，如客户和消费者权益保护。这些议题在推动企业经济运营的同时，兼顾了社会的多重期望和需求。

社会企业与可持续未来

作为当今全球可持续发展的关键参与者，社会企业通过整合社会和环境价值观，用现代企业的方法，积极解决社会问题、推动社会变革，为构建可持续未来贡献不可或缺的力量。社会企业的兴起将进一步推动可持续发展的实现，为我们的社会带来积极变革。

一是社会企业在环境保护方面扮演了积极角色，它们致力于减少对自然资源的消耗和对环境的负面影响。通过推广可再生能源、倡导能源节约与循环利用，减轻了对化石燃料的依赖，有助于减缓气候变化。此外，社会企业在产品设计和制造过程中广泛采用环保材料，以减少对环境的损害，为生态平衡的实现贡献力量。

二是社会企业致力于关注和解决社会问题，它们积极改善福利、教育、卫生和就业。特别是在贫困地区，社会企业提供贫困地区的教育培训机会，改善卫生条件，倡导社区服务，提高了人们的生活质量。这种以人为本的关注使社会企业成为社会变革的推动者。

三是社会企业的经济可持续性是其成功的关键。社会企业通过商业模式创新和市场运作，吸引投资、提高效率、提升产品竞争力，也为其实现经济效益注入了新的动力，实现经济效益和社会效益的双赢。

ESG 的发展得益于相关政策部门和监管机构积极推广 ESG 理念，并出台一系列行之有效的政策来推动企业参与 ESG 实践。这些政策推动了企业响应国家战略，因此我国的 ESG 发展虽起步较晚，却十分迅速。此外，ESG 理念也前所未有地被企业所了解、认识和普及，许多企业家已经认识到"ESG 不是选择题，而是必答题"。这对于推动国家战略，实现可持续发展具有非常重要的意义。

如果越来越多的企业能将 ESG 原则主动纳入其战略决策和经营活动，它们将更加关注环境友好和避免对环境造成负面影响，这将有助于保护自然资源，减少生态足迹，从而有助于可持续未来。此外，将企业及其利益相关方视为一个有机体系，重视相关方的利益和对社会的正向反馈，有望促进更公平的资源分配和社会共享价值，推动经济和社会的可持续发展。

中国乡村发展基金会的实践

中国乡村发展基金会在过去的十几年里，先后创办了两家社会企业，分别是中和农信公司和善品公社公司，不仅直接解决了社会问题，而且获得了良好的经济回报。

当下，在我国大多数农村地区，务农收入仍是农民重要的收入来源之一。通过促进脱贫地区特色产业发展，农民和村集体经济收入可以实现有效增长。善品公社通过组建、优化农民专业合作社提高农业生产的规模和效率，通过对产品进行严格品控管理提高产品品质，打造地域公共品牌提升市场信任，促进乡村农业从单一生产型向流通加工型转变，形成"上游共耕、链条共建、品牌共享"的产村融合发展模式，促进小农户与消费者信任连接和城乡有效互动，最终实现产业转型升级和农民生活富裕。自2015年成立以来，截至2022年年底，善品公社已在四川、云南、山西等19个省份的127个县（区）落地150个合作社。山西隰县的香梨、陕西富平的柿饼、云南红河的红米、湖北秭归的脐橙……在善品公社的带动下，一大批有着鲜明地域特色的农产品受到了市场的青睐。

善品公社以发展乡村产业为导向，以建立农民合作社为抓手，引入社会力量，整合市场资源，在乡村产业振兴中发挥着越来越重要的作用。社会企业在助力乡村产业发展特别是联农带农方面具有明显优势，是助力缩小贫富差距、实现共同富裕的重要力量。

企业及组织可持续转型方案

ESG 浪潮下企业的可持续战略转型

安永中国主席、大中华区首席执行官、全球管理委员会成员
陈凯

中国经济在过去几十年来取得了令人瞩目的高速增长，如今正逐步地转向高质量发展，从速度导向转向质量导向。中国加速建设创新型的国家，推动技术创新在经济发展中的应用。同时，中国展现负责任大国担当，提出了"双碳"目标，大力推进绿色发展和生态文明建设，绿水青山已成为当前中国高质量发展的重要底色。

在新时代，企业需要从战略层面出发，以绿色为发展方向，以创新为发展动力，提升业绩表现并建设美丽中国，这里应当包括以下"五个持续"。

第一，持续强化 ESG 管理，增强应对气候变化的能力。当前，气候变化仍是 ESG 体系中受关注程度最高的议题。2023 年夏天，台风、暴雨、洪水等极端天气事件极大地影响企业和价值链的正常运转，进而影响企业的盈利能力和社会经济的稳定性，因此企业应该加强 ESG 管理，分析气候相关风险和机遇，提升可持续发展的韧性。

第二，持续探索绿色转型，发现全新的市场机遇。绿色转型为企业创造了广阔的业务发展机遇，企业可以通过研发创新，将绿色植入产品和服务的生命全周期，推出环保和可持续的产品及服务，

满足日益增长的环保消费需求，开拓新的市场份额。同时，采用循环经济模式，可将产品的生命周期延长，减少废弃物的产生。在投资领域，金融机构投资者越来越关注绿色可持续投资，将金融活水引入乡村振兴产业，开发 ESG 投资产品。企业通过自身的绿色转型，可以获得更多的投融资机会，赢得竞争优势。

第三，持续研发新的数字工具，提升企业发展效率。数字化转型改变了企业运营和竞争的环境，通过将数字技术与 ESG 管理结合，企业可以更好地管理环境和社会风险，提高治理效率，促进长期价值创造。在环境领域，数字化技术可以监测和优化能源使用，从而提高能源效率、减少碳排放。例如，智慧能源管理系统、智能传感器和大数据分析，可以帮助企业实时监控能源消耗，并提供优化的建议。同时数字化转型可以协助企业跟踪和报告碳足迹，使其更精确地了解自身的环境影响。在社会领域，数字化转型可以提升数字包容性，让老年、残障、贫穷等弱势群体更容易获得信息和服务，从而促进社会平等。在治理领域，数字化技术可以提高信息披露的透明度，帮助企业更好地与各利益相关者共享 ESG 信息，提升企业的信任度。

第四，持续提升信息披露水平，构建中国特色的 ESG 生态。当前，ESG 仍然存在标准和指标不一致、数据质量不高、缺乏透明度等问题，需要监管机构、投资者与各专业机构共同努力。2023 年 6 月 26 日，ISSB 正式发布了两份国际财务报告可持续披露准则，旨在提升全球可持续发展信息披露的透明度和效率。与此同时，中国也在加快建设具有中国特色的 ESG 体系。2023 年 8 月，国务院国资委印发《央企控股上市公司 ESG 专项报告编制研究》，进一步引导和规范国内企业 ESG 信息披露标准。中国企业应该积极制订行动计划，从治理、战略、风险管理、指标与目标等角度，持续提升 ESG 信息质量。同时，企业应该提供可比较、可验证的 ESG 数据，做好准备，以应对更高的披露要求以及即将到来的 ESG 信息鉴证工作要求。

第五，持续增进员工福祉，创造转型发展内生动力。员工是企业的重要资产，提升员工福祉不仅是实现 ESG 目标的重要途径之一，也能极大地促进企业可持续发展。一方面，企业提升 ESG 表现可以为员工创造更安全、更健康的工作环境，提供完善的职业发展路径，进而吸引高素质人才，强化企业的竞争力。另一方面，多元、公平、包容的工作氛围更容易激发员工的创造能力，从而推进新产品和服务的开发，促进与客户间的高效协作，激发企业 ESG 潜能。此外，企业需要未雨绸缪，加强 ESG 人才培养，吸引并打造具备 ESG 专业知识的人才队伍，企业可以通过 ESG 培训和教育计划，加强员工在 ESG 领域的能力储备。

企业如何提升 ESG 潜力和员工福祉

普华永道亚太及中国主席

赵柏基（Raymund Chao）

近年来，极端天气事件频繁发生，自然环境对我们的不利影响越来越近，也越来越严重。全世界都面临着特别紧迫的气候危机。

据普华永道的净零经济指数，全球平均年度脱碳率在 2021 年只有 0.5%。要在 2030 年之前，控制全球温度上升不超过 1.5℃，必须大幅度提高年度脱碳率。全球各国政府、监管机构及所有企业和组织必须通力合作，以更大的力度和决心，推进全球实现零碳目标。监管机构也更需要为 ESG 报告制定统一的行业标准和指标，客观一致地衡量每个企业的零碳变革进度。

就大多数企业而言，它们正面对复杂多变的经营环境和风险，能否有效应对挑战，实现可持续发展，将是他们未来发展中的重中之重。为实现可持续发展目标，企业必须转型。管理层应该以积极、创新的思维，有力的执行能力，全面推动转型的有效落地。为帮助实现这些目标，以下是我认为的关键成功要素。

第一，企业需要打开全局视角，不仅要把气候危机视为一种风险来应对，还要把它看作实现商业模式转型、增强自身实力、创造新价值的机遇。ESG 不应该被视为成本，而应该被视为为企业创造长期价值的重要投资。如果企业能够从上到下，对自身战略、业务模式、企业文化、人才转型、供应链变革、科技和数据的应用等关键领域进行前瞻性规划，那么这些企业在实现 ESG 目标的同时，将可以通过推动营业收入增长，降低营业成本，吸引优秀、富有创造力的年轻人才，提升企业价值、品牌和商誉。

第二，企业在推动可持续发展、创造新价值的过程中，必须有高瞻远瞩的格局和坚定不移的决心，以提高企业整体价值为最终目标，厘定长期的战略规划。如果只是关注短期盈利增长，这样的转型将面临传统框架的诸多限制，难以充分体现 ESG 的真正意义和潜力，也一定会影响有效执行，更难推进必要的创新改革。从更广的角度来说，与此相关的各利益群体，包括投资者、监管机构、政策和标准的制定机构等，也必须保持高度一致，将提升企业长远价值设定为衡量成功业务模式的新标准，共同做出努力和贡献。

第三，在可持续变革的征程中，企业最高领导者必须亲自领导，从顶层设计上完善企业治理体系。带领管理团队推动可持续发展战略有效执行，细化落实员工的具体角色和责任。同时，以人为本，加深员工的参与感和归属感，共同为可持续发展做出努力。现在的年轻一代都非常支持 ESG 主张，也很愿意亲身参与其中。企业应该好好把握，积极为员工赋能，帮助他们更好地提升自身价值，实现双赢。

围绕国家关于高质量发展的核心要求，以及关于数字经济、绿色经济、区域经济的整体规划，我一直在思考新的增长赛道和业务模式。在普华永道，我们也明确划分了五大创新业务，包括数字化转型、ESG 可持续发展、数字产品及解决方案、区域协调发展、未来人才培养。

从更好协助客户发展的角度出发，过去几年，深度参与和领导普华永道的 ESG 改革，也是我们的首要工作重点，我们为此也做了大量的投入。为推动内部转型，我们集合了不同领域的专才，建立了一支 ESG 精英团队，专注研究和为客户提供最前沿的可持续发展解决方案。同时关注员工福祉，深入倾听员工的声音，不断投资为员工赋能，为未来做好充分的准备。

可持续变革，是企业在转型升级的道路上必须面对和跨越的挑战。所有企业都应该以积极、负责任的态度来推动变革，为可持续发展做出共同的努力。

公正转型——企业以人为本的价值重塑

德勤中国主席

蒋颖

公正转型这一话题非常重要。政府、全球市场和企业都在全面推进全球化的绿色转型发展,但绿色转型的加速也对很多行业和区域的就业市场造成一定冲击,这关乎民生以及社会公平。

从企业来看,企业执行任何一个政策,都关乎员工、社区以及客户。对于转型,企业现阶段更多的精力还是关注对自身业务的影响,鲜少有精力、能力和财力全面地关注对就业、失业率的冲击,以及对弱势群体、生活收入等多方面的影响,这个话题变得非常重要。

从全社会来看,如果转型采取的措施是稳步且恰当的话,全球净零转型可以给社会创造另一波增长潜力和增长极,也会创造更多的就业机会。德勤有一个自创的模型"D-climate",包含就业脆弱型指数,这个模型希望能够帮助各个经济体在转型过程中转危为机,促进劳动力转型。据模型预测,如果采取非常积极的能源和气候转型措施,到 2070 年,全球将有 40 多万亿元的新增经济效益。如果采取措施得当,有一个词叫作"绿领岗位",到 2050 年,全球将新增 3 亿个就业岗位,1.8 亿个预计会在亚太地区,居各大洲之首,在中国预计能新增 3 800 个岗位。若转型得当,对社会将产生很大的推进。

根据德勤五大资本的可持续模型，生产资本和财务资本是衡量企业绩效的重要指标，但气候风险及生物多样性风险也是模型所考察的，即自然资本。同时我们加入了人力资本和社会资本，这两个资本都与人相关。企业要实现可持续发展，应该关注这五种资本的平衡发展。

尽管现在宏观经济还有很多不稳定性，但公正转型在过程中融入人的因素，能够最大化社会和经济效益，助力企业成为更好的企业。中国的企业要面向国际，力争成为世界一流企业的目标是不变的。在国务院国资委发布的"创建世界一流示范企业"名单中，这些企业都有三个特性，一是综合能力非常强，二是有广泛的品牌影响力，三是有非常显著的全球竞争力。用公正转型的理念来推动企业的转型发展，可以从这三个维度给企业增值。比如把公正转型融入企业战略，可以吸引和留住更多人才，推进企业技术创新，并能够增加融资机会，提升企业的综合实力。

2023年8月，中国邮政储蓄银行根据《G20转型金融框架》，落地了中国第一单公正转型贷款1亿元，资金用途中很大一部分是帮助员工能力的转型以及找到更广阔的就业机会，这是中国第一单公正转型贷款，很多国家也有专注于公正转型的基金落地。这样的公正转型理念如果融入企业转型，一定会对社区产生更多积极的影响，同时能够提高品牌影响程度以及社会对于企业的信任度。很多企业在走向国际，公正转型的理念能够帮助企业更好、更快地融入全球市场及文化，找到更多的全球投资合作伙伴，形成全球竞争力。

企业在追求公正转型的过程中，会遇到非常多的挑战。下面将从四个简单的角度，介绍如何帮助企业在转型过程中融入公正转型的概念。一是要平衡转型时间与节奏点，兼顾速度和敏感度，企业的治理层应该发挥很好的监督和支持作用。二是要提升社会和商业的价值，企业做任何决策都要非常了解政治和社会环境，监测和管理利益相关方对企业决策的反对和抵触风险，及这些风险对环境的影响。三是尊重社会的可持续性，平衡五大资本，特别是对人力资本和社会资本的考量，真正在转型中实现公平公正，惠民利民。四是要把眼光从内向型视角变成外向型视角，要跟利益相关方产生更多联动，这样公正转型才能真正落实到企业转型过程中，成为它的基因。

作为可持续发展以及气候变化的引领者，德勤参与了许多气候领域的治理、倡议，希望能够帮助公司治理层和管理层全方位地思考和转型。希望跟全球合作伙伴一起携手，引导真正的可持续发展，创造更加公平、更加绿色和更加繁荣的未来。

"她力量"赋能可持续发展

波士顿咨询公司大中华区主席

廖天舒

ESG 定义了可持续发展，那么，"她力量"又如何赋能可持续发展？我将从两个视角分享"她力量"的作用：一个是企业管理和领导力视角，也就是"她力量"如何加持企业的韧性和活力；另一个是市场视角，"她经济"如何推动可持续绿色消费。

从企业管理和领导力视角来看，今天中国女性在商业和经济活动中的参与度和影响力都已经非常高。在高校中，无论本科生还是研究生，女性占比已经超过 50%；近年来，女性就业率占比稳定在 45% 左右，远远高于世界平均水平。最让我们引以为傲的是女性创业，在中国，科创企业中女性创始人和领导者的占比为 41%，位居全球首位，远超美国的 27%，这为女性在职场和企业的发展中赋能，给予了非常强大、坚实的基础。

波士顿咨询公司领导力中心得出聚焦于领导力的研究结论。不论男女，也不分行业，能够做到企业掌舵者或高管，一般都具备六种能力。一是战略规划和判断能力，二是绩效管理的经营能力，三是人才培养和组织的塑造能力。很多高管、CEO 在这三种能力上都有可圈可点的优势。但是后三种能力的水平参差不齐，一是与利益相关方的沟通协调能力，二是自我反思能力，三是持续学习能力。

2022年波士顿咨询公司专门就女性领导力做了相关调研，得到企业管理者和员工的极大认可。大多数人都认为女性在上述几方面有非常均衡的领导能力，并且在自我反思、与利益相关方的沟通协调能力、关怀及同理倾听这几方面较为突出，这些是构成适应性领导力的特征。适应性领导力在今天非常重要，因为不确定性及企业的永续转型能力成为两大趋势。数字化、ChatGPT、绿色发展以及新冠疫情后新的工作方式变化，都促使企业不仅限于在3~5年内转型，而是要有持续转型的能力。而女性也凸显了这几方面的能力，一是倾听，倾听能够激发组织活力；二是同理心，同理心能够营造人本的体验，以宽容和开放的态度，拥抱未来工作方式，协同也能够打破组织壁垒；三是对外关系的连接，能塑造很好的生态圈，这些是组织保持韧性及活力的基础。

波士顿咨询公司每年都会发布世界创新50强榜单，中国也有几家企业一直榜上有名。从中可以发现一个非常有趣的现象，榜单上排名越靠前的公司，其管理层和董事会里面的女性占比越高。创新本身就是包容、容错和多元的视角，这些企业从这一层面反映了他们对多元视角的认同和尊崇。"她力量"能够赋予企业创新和韧性，因为关怀包容，因为自我反思，也因为同理和利他。

从市场视角来看，绿色消费方兴未艾。2022年波士顿咨询公司与天猫联合进行绿色消费人群研究，分析此类人群的特质。首先，绿色消费人群偏年轻、收入偏高，另外，女性占61%。女性在可持续消费中有很强的推动力，绿色消费需求不断增高，如奶粉、生鲜、休闲食品等，主要消费群体都为女性。绿色理念也日益成熟，已贯穿衣食住行各个方面，大家关注贯穿整个绿色生产链的因素，如原材料、生产、加工、包装物流及产品使用和回收。越来越多的人对绿色理念的关注也从原来的利己到了利他，原来大家关注的是无添加、无有害成分、清洁、原生、有机等因素，今天大家更多关注低碳，是不是本地生产，是不是对环境、动物有益和友好，这是从避害到利他的阶段。

尤其是在低碳转型的过程中，ESG不仅做减法，节能减排在很大程度上也做加法。通过创新，创造更新的产品，能够使消费者给予溢价并复购。

"她力量"能够赋能企业的韧性和创新，"她经济"能够推动可持续的绿色消费。希望大家能够拥抱"她力量"，促进"她经济"，一起践行可持续发展。

打破 ESG 信息不对称

新浪财经 ESG 评级中心主任

李涛

评级中心是新浪财经专注于 ESG 的部门，提供包括资讯、报告、培训、咨询等在内的 14 项 ESG 服务，助力 ESG 理念传播，提升企业 ESG 表现。目前的工作主要聚焦于三个方面。

第一，扩充 ESG 评级结果展示的广度与深度。致力于"打破信息不对称"，将主流评级机构的 ESG 评级结果继续免费向社会开放。用户可查询由 11 家评级机构覆盖的上万家企业的 ESG 评级结果，并支持单个企业 ESG 评级检索（MSCI 等同步展示分项数据）。

2023 年，新浪财经成为国内首家 MSCI 授权的 ESG 数据展示合作平台。与此同时，中证、国证 ESG 评级数据也即将上线。

第二，ESG 领导者组织论坛理事会正式成立。ESG 领导者组织论坛成立于 2019 年，汇聚中国 ESG 表现优秀的企业单位，目前有 39 家会员。其中，上市公司和金融机构占比各半。

2023 年 4 月，论坛在上海举行理事会成立大会，屠光绍先生担任理事会首任联席主席。未来，论坛将在理事会的领导下，组织会员举办包括 ESG 研讨会、调研走访等各类活动。欢迎 ESG 表现优异的各方企业加入，携手共创，将中国最优秀的企业 ESG 实践展现给世界。

第三，ESG 定义中国好公司，展开实地调研。ESG 是评估好公司的最优视角。按照"战略、披露、评级、行动、表现"五个维度，通过利益相关方视角可以快速识别 ESG 好公司。新浪财经联合监管部门、金融机构、行业专家等共同为企业现场把脉，以实际行动传播中国企业的 ESG 优秀实践。

2023 年，在 ESG 领域发生了一些标志性的事件。刚刚过去的夏天，全球很多地方遭遇了罕见的高温挑战。2023 年年底，第 28 届联合国气候变化大会召开，中国核证减排量市场也有望重启。挑战和机遇并存，期待通过 2024 年的 ESG 全球领导者大会，为中外来宾提供一个交流的机会，通过充分的思想碰撞，为 ESG 领域的未来发展找到更优的实现路径。

消费品行业的
ESG 实践

茅台"美"的价值创造实践

中国贵州茅台酒厂（集团）有限责任公司董事长、
贵州茅台酒股份有限公司董事长[1]

丁雄军

ESG 能够得到全球的普遍认可和重视，根本上是经济社会发展观的不断进步。过去企业发展观更多的是以"利润最大化"为中心，这种观念带来经济增长的同时，也带来了诸多环境和社会问题，因此人们开始更加重视经济增长和可持续发展的统一。联合国可持续发展目标提出的 17 项目标，体现的正是一种新的发展观，即以"可持续价值"为中心的发展观。习近平总书记提出的新发展理念，也深刻揭示了实现更高质量、更有效率、更加公平、更可持续发展的科学路径。对茅台而言，我们遵循可持续发展理念，把"美学"作为企业哲学和价值追求，以美的产品、美的服务、美的生态，不断满足人们对美好生活的向往和追求，创造可持续的经济价值和社会价值。下面我将分享三个方面的茅台实践。

第一，坚持以"美学"为价值内涵的"五线"发展战略。茅台的可持续发展之路，我们将之归纳为"五线"战略。一是"蓝线"，聚焦增长，核心是把握投资、产品和贸易三大要素，打造可

---

[1] 2023 ESG 全球领导者大会时任职。——编者注

持续的产业、产品和渠道生态。二是"绿线",聚焦环境,核心是绿色生态和绿色产业,呵护好茅台赖以生存的自然环境,实现全链条的绿色发展。三是"白线",聚焦创新,核心是抢抓科技革命和产业变革机遇,推动企业数字化转型和现代化治理。四是"紫线",聚焦文化,核心是守正创新茅台特色文化体系,践行企业社会责任,提高文化辐射力和品牌影响力。五是"红线",聚焦安全,核心是守牢安全、环保和廉洁底线,确保企业持续稳健发展。茅台的"五线"发展战略,深度融入ESG环境保护、社会责任和企业治理的可持续发展理念,这是茅台对"美学"的遵循和实践,也是对"美好"的向往和追求。

第二,坚持以"美酒、美生活、美链接"实现美的价值创造。在企业的价值体系中,自身价值的生产力是基数,也是基础。茅台目前拥有酒产业、酒旅康养和综合金融三大主业。其中,酒产业创造"美酒"价值,茅台坚持"质量是生命之魂",实行最严苛的质控标准,永葆茅台品质的金字招牌;构建完善了以茅台酒、酱香系列酒、保健酒、葡萄酒为核心的产品矩阵,更好满足不同消费者的消费需要。其中,茅台酒2022年实现营业收入1 078亿元,是全球酒业唯一的千亿元级大单品,酱香系列酒实现营业收入159亿元,价值贡献逐年加大。酒旅康养创造"美生活"价值,茅台已形成涵盖文化景区、博物馆、商业街、酒店、机场、医院等上百亿元资产的酒旅康养产业集群;开发推出茅台冰激凌、咖啡等美食产品,其中爆款"酱香拿铁"上市第一天就卖出542万杯,销售额超1亿元;研发上线i茅台、巽风元宇宙世界等数字平台,其中i茅台上线至今,累计注册用户超4 600万个,累计交易额超330亿元。综合金融创造"美链接"价值,茅台旗下拥有财务、基金、融租、保险等超千亿元资产规模的金融产业,以稳定的资金流连接供应和销售、上游和下游,其中财务和融租业务累计为集团子企业、产业链投放业务近600笔,投放金额近140亿元,有力确保了产业链可持续发展的支撑力和协同力。三大主业的联动发展,构建形成茅台"美酒、美生活、美链接"的一体化产业生态,企业价值创造能力不断增强。2022年,茅台集团实现营收1 364亿元、利润总额912亿元,持续保持两位数增长;2023年上半年实现营收769亿元,利润总额520亿元,同比增幅超20%,延续了良好发展势头,持续创造了"美"的价值。

  第三,坚持以"美的生态圈"履行社会责任。企业自身创造价值还不够,还要履行社会责任,实现美的价值共享,构建可持续的发展生态。于茅台而言,一是坚定不移呵护好优良自然环境,15.03平方千米的茅台核心产区是国家级地理标志保护区,茅台坚持构建"山水林土河微"生命共同体,每年投入5 000万元用于赤水河生态保护,始终把呵护好茅台酒赖以生存的自然环境作为使命和责任。二是坚定不移履行好企业社会责任,茅台坚持"大品牌大担当",成立茅台公益基金会,积极投身青少年成长、老年人健康、全球医疗改善、文史文物保护、救灾赈灾等社会公益事业,连续11年开展"中国茅台·国之栋梁"公益活动,累计捐资超12亿元,助力23万名学子从"家门"走向大学"校门",并四次荣获中国公益慈善领域最高政府奖"中华慈善奖"。三是坚定不移推动相关方共建共荣,创新经销商"传承人"机制和供应商"链长制",建立行业领先的员工薪酬体系和福利保障体系,贵州茅台上市20余年来累计分红超2 000亿元,与各相关方共同铸牢了茅台可持续发展的生态"护城河"。

  践行ESG理念,不断探索ESG发展的新范式、新样本,推动经济社会的可持续发展,是所有企业的责任所在,更是价值所在。茅台始终愿与大家一道,共同为这个更美好的世界,创造更多美的价值,贡献更多美的力量。

ESG 融入企业高质量发展，推动可持续消费繁荣

盒马联合创始人、可持续发展部负责人

沈丽

2004 年，联合国全球契约组织发布报告，正式提出了 ESG 概念，其核心思想就是要统筹兼顾经济、社会和环境的和谐可持续发展，而中国的 ESG 更加强调在环境、社会和公司治理三者之间的均衡融合。

在环境方面，我们主张"绿水青山就是金山银山"。在社会方面，强调企业的社会责任，助力共同富裕，维护社会安全。在治理方面，在强调企业经济效益的同时，要保障员工的权益，向下影响家庭、个人的行为治理，向上影响社会治理，最终与国家发展同频共振。

今天我国企业经历了从高速发展到高质量发展的转型。在转型的过程中，ESG 和可持续发展成为必答题，也给企业多元化思考的视角。如何从环境、社会和经济多方角度思考与利益相关方的合作机制，对企业来说是很好的检验，更是很好的重塑。一个企业实现高质量发展的根基就是带动产业共融的能力，这是盒马可持续发展的重点工作内容，包括从商业的角度构建稳定且长期发展的生态合作关系。如何深入农业，为农民创造最大化收益和社区的健康福祉，把高品质和健康的农产品送到消费者餐桌，并引领可持续消费

浪潮。所以，盒马在可持续发展部正式成立之初就锚定了可持续农业和可持续供应链两大核心议题，用本土零售产业的影响力来带动农业产业链和生产加工产业链的可持续转型。

在重构利益相关方的关系下，盒马积极探索可持续农业实践。构建产业共融的第一步就是准确地识别并组合利益相关方的关系，盒马在关注农业可持续转型的同时，通过调动利益相关方的联系和组合，根据不同区域的实际情况开展针对环境和社会议题的相关行动。

一是重构沙漠的生态关系，让沙漠变良田。内蒙古乌兰布和的草场一直被沙漠化问题所困扰，如何更有经济效益和可持续地治沙，盒马给出的方案是"吃有机南瓜，帮内蒙治沙"。盒马利用订单农业，给遥远的沙漠下订单，让治沙成为一件有经济收益的好事情。经过测算，每一株贝贝南瓜苗在成长的过程中都可以牢牢抓住约4平方米的土壤，保证水土不流失，消费者每吃一颗有机贝贝南瓜，都能帮助乌兰布和沙漠锁住0.25平方米土壤。我们用生态产业设计的方式重构了治沙产业和利益相关方的关系，引用经济作物来推动治沙还田的工作。

二是从高山中来到高山中去，重建合作方关系。农民是盒马重要的利益相关方，如何帮助农民建设高质量的乡村生活，是盒马关注的重点。2023年盒马联合中国发展研究基金会，让每一盒来自山区的"高山鲜"蔬菜都有两分钱捐助给山村欠发达地区儿童的专项教育，形成带动经济收入，同时推动教育基础建设工作的良性循环模式。企业真正实现高质量可持续发展，不能把风险转嫁给利益相关方，再把成本转嫁给消费者。一个好的可持续商业模式是可以通过重建合作方关系来实现共赢的，也只有这样才能促进商业的高质量长期稳定发展。

三是搭建可持续供应链体系，提升供应链的气候韧性。中国是全球受气候变化相关极端天气事件影响最大的国家之一，在所有受气候变化影响的产业中，农业部门受灾最为严重。据世界资源研究所数据，2008—2018年，中国农业因灾遭受损失累计达到9 760亿元，占全球农业累计损失总量的55%。其中，旱灾是对中国农业影响最大的灾害，其次是洪涝和风暴灾害，帮助供应链提升应对气候变化的韧性，也是盒马可持续发展的重点。例如，突发灾后的订单农业，每年第三季度是我国自然灾害的高发季，2021年，河南地区水灾结束后，农民当年收入损失较大，盒马根据当地农业经济的恢复情况，评估了该地区适宜的农业订单品种，在受灾后帮助农民恢复生产。

在突发极端天气事件之外，渐进的气候变化也影响着农业生产周期和农民收益。在部分寒冷地区如东北地区、青藏河谷，由于全球气候变暖，农作物潜在生育期延长，种植中晚熟品种和范围均明显增加。盒马已经有意识地根据气候变化调整订单农业，为不同的地区组合最优化的农业订单。为应对气候变化，我们也正在建设一套智慧气候农业的响应机制，帮助农业更好地应对和适应气候变化。在保障粮食安全的同时，保障农产品的稳定供应和优良品种。

四是助力可持续消费的浪潮。在消费市场，我们看到了消费者正在从原来的快速消费进阶到可持续消费，我们看到中国消费者对未来的关注，由此带来可持续消费领域的复苏。越来越多的中国消费者关注营养、安全、健康以及生态的可持续发展，截至目前，盒马的有机用户总数已经将近千万。有机用户渗透不仅体现在生鲜，还有食品和调味品，绿色、低碳的消费理念也在中国城市消费人群中不断渗透，这为中国的零售商业注入一股新的动力，消费者的主动减碳需求也将推动着整个行业的创新和变革。

引领可持续消费是零售品牌的重要使命和重要的产业链角色，一个长期有效的ESG模式才能激发长期有效的可持续消费的繁荣，这需要产业端的转型和合作，也需要市场的认知和认可。

让 ESG 融入企业的高质量发展是企业发展的必经之路。盒马作为本土零售企业承担了多方利益相关共融的使命，以稳定发展的长期主义去建立中国特色的 ESG 商业模式。我们在全球建立了八大采购中心，开展全球化的可持续采购合作，希望能用中国的 ESG 模式带动全球供应链伙伴的协同发展。

应对气候变化：雀巢绿色供应链和转型实践

雀巢集团执行副总裁、雀巢大中华大区董事长兼首席执行官
张西强

气候变化是当今社会面临的最大挑战之一，也是雀巢未来开展业务将面对的最大风险之一。为应对气候挑战，雀巢在2019年做出到2050年实现净零排放的承诺，并于2020年推出净零排放路线图，即以2018年全集团全价值链碳排放共计9 200万吨为基线，计划到2025年减排20%，到2030年减排50%。为实现这些目标，雀巢在整个价值链中开展行动，减少从农场到餐桌的产品碳排放。

在农业及上游供应链方面，雀巢在黑龙江双城落户30多年来，一直与奶户、牧场主合作，向他们提供无偿且实用的技术援助。20世纪80年代末开始，雀巢先后派驻七任外籍专家驻根云南，向当地咖农传授良好的咖啡种植技术，提升云南咖啡的产量和品质。长期以来，超过2.3万人次受益于此，参加了公司提供的田间管理加工技术和农业实践培训。同时，我们致力于把黑龙江双城的奶牛养殖培训中心打造成净零牧场，并将提高奶牛单产饲料优化等示范项目推广到双城和莱西的奶区，带动上游减排。

在低碳生产方面，我们一直在系统性地开展工厂低碳转型实践，在实现工厂产量增加的同时，实现温室气体总排放量和单产能耗、水耗、温室气体排放的降低。雀巢承诺于2025年前在所有工

厂实现百分之百的可再生电力，为此，2022年青岛雀巢工厂和徐福记工厂已启动光伏发电项目。

在产品组合方面，雀巢在华推出了植物肉品牌"嘉植肴"，还推出了燕麦饮、豌豆饮等植物基饮料。在物流环节，雀巢近年来强化了向低排放运输车辆的转型，力推更环保绿色的公路转水路、公路转铁路运输模式，加大工厂直配比例，并加大采购应用氢燃料电池的卡车等。

在绿色包装方面，2018—2022年，雀巢大中华大区塑料包装的可回收再生设计率大幅提高，原生塑料使用减少了数千吨。同时，我们积极鼓励和引导消费者参与可持续包装行动，例如奈斯派索（NESPRESSO）浓郁胶囊咖啡回收计划，太太乐携手爱回收发起的"一分贝计划"等。

同时雀巢积极推动与业界合作，与利益相关方携手打造更可持续的未来。我们和先正达、拜耳分别就再生农业小麦和大米展开合作，与安吉物流在氢能源车方面展开合作，与阿里巴巴和其他22家头部消费品企业共同发起"减碳友好行动"，致力于推动可持续消费。

作为跨国企业，面对全球气候和环境问题，雀巢在系统性地开展应对工作。我们会在自身的绿色供应链和转型实践中贡献力量，也期待参与更多气候、环境领域的国际合作，助力联合国可持续发展目标的实现。

百事公司 ESG 的理念和蓝图

百事公司大中华区首席执行官

谢长安

在气候变化、经济波动和地缘政治等因素给世界各国、各行业都带来不确定性和挑战的背景下，作为人类命运共同体，每个企业和个体都有责任积极参与 ESG 建设，为实现可持续和高质量发展努力。下面简要介绍百事公司 ESG 的理念和蓝图，以期贡献可行的解决方案。

作为世界领先的食品饮料公司，百事公司的业务与地球的健康和生态系统息息相关。通过对 ESG 领域的投入，我们的目标是建立更可循环和包容的价值链体系，以保护气候与环境，促进社会可持续发展。

2021 年，百事公司推出了"百事正持计划"，旗帜鲜明地突出"正向"和"可持续"理念。它代表的不仅是某些领域的可持续发展实践，更是端到端的企业战略转型，涉及百事公司业务的方方面面，从原材料种植、标志性品牌的绿色制造与运输到为消费者提供更好的产品选择等。百事公司的 ESG 蓝图是达到"地球与人和谐共生"的愿景，与国家所提倡的人与自然生命共同体的理念不谋而合。

百事正持计划包括再生农业、绿色价值链和可持续产品三个方面，具体行动如下。

- 2030 年以前在全球 700 万英亩[①]农场实现再生农业实践。
- 2030 年以前在整体价值链上减少 40% 以上的绝对温室气体排放，并在 2040 年以前达到净零排放和实现正持用水。
- 2025 年以前 100% 产品包装设计升级为可回收、可降解或可重复使用，并到 2030 年减少 50% 原生塑料的使用。
- 通过业务价值链与社会的连接，为社会不同群体创造公平与成长等积极影响，并持续利用品牌影响力，倡导消费者做出积极选择。
- 2025 年以前，至少在 3/4 产品中升级配方，大幅降低糖、钠、饱和脂肪等含量。

根据百事最新发表的 ESG 报告，已实现以下成就。

- 在全球的再生农业足迹超过 90 万英亩；帮助农户变得更有韧性，减少了 33 万多吨的农业碳排放。
- 2015 年以来，公司在水风险较高地区的用水效率提高了 22%，并在 2022 年为 1 200 万人提供了安全用水。

着眼大中华区，百事公司也在 ESG 方面持续投资、扩大合作范围、积极创新与实践，探索出一条因地制宜的，共生、共荣、共赢的百事 ESG 之道。

在再生农业方面，我们的命题是"如何种出优质高产、环境友好、可持续溯源的土豆"。百事农业部门把数字农业科技引入种植

---

① 1 英亩 ≈ 0.004047 平方千米。——编者注

环节，有效推进土豆种植的精准化、智能化，实现四减两增：减药、减肥、减水、减能耗，增产、增效，更好地推动了再生农业的实施和推广。除了土地和水资源，百事也改善了合作农户和所在社区中的人们生活水平，包括在经济上辅助提高技术以提升亩产，为农村女性提供更多赋能。

在减少碳足迹和建立绿色价值链方面，百事也有很多积极实践，并获得行业嘉奖。百事德阳食品工厂已实现100%绿电工厂转型，北京和武汉工厂也通过太阳能和厂内沼气发电，加速推进再生能源替代，带来可观的经济和社会效益。2023年5月，百事公司在华首家实现"碳中和"的新工厂奠基，为当地创造数千个就业机会，并帮助提升当地农业现代化水平。未来，百事公司在中国将继续以"零碳工厂"为蓝图，进行新工厂设计和原有工厂改造升级。此外，2023年百事公司在华首批电动重型卡车正式上线，成为中国零食行业首家使用重型电动卡车进行端到端绿色配送的企业。未来，百事也将持续扩大对绿色能源的投资。

除了加强业务自身的可持续发展，百事还积极推动外部创新，鼓励跨行业开发循环经济创新解决方案。百事和中国营养学会建立"百事营养创新中心"，共同推动行业的科研创新，专注本土营养健康食品的开发与创新。2023年在亚太地区推出的"绿色加速器项目"也是一个很好的例子。百事以实际行动孵化和辅导超过100多家初创企业，开发可持续包装和改善气候变化的项目。

百事也与业界一起积极探索研究再生塑料（rPET）在食品接触材料上的应用（也就是饮料瓶的循环应用），这对中国实现"双碳"目标及全球应对气候变化具有重要的经济和环保意义。根据国外专业的研究，再生塑料所产生的碳排放同比减少41%。目前全球多国已经推广使用100%再生塑料的塑料瓶，中国大陆还没有明确的法规要求再生塑料在食品饮料包装中使用。我们希望跨行业同人一起推动相关法规的早日出台，共同为"双碳"目标做出贡献。

我们的品牌也在积极探索可持续发展的实践。2022年11月，乐事在中国首次引入低芥酸菜籽油，可以使产品减少50%饱和脂肪，这也使乐事在中国推出了首款减少50%饱和脂肪的薯片，这项措施有助于鼓励人们践行更健康的生活方式。

2020年起，百事可乐品牌发起了"与蓝同行"项目；2022年更在中国市场推出首款"无瓶标"百事可乐，减少瓶身塑料标签及瓶盖上的油墨印刷，并添加"好好回收"标志倡导环保行动。2023年11月，佳得乐运动饮料打造了首个"环保梦想球场"。桂格燕麦也逐步改用绿色循环外箱代替传统纸箱，全年可减少使用5万个纸箱，即减少3万多公斤的碳排放。

我们深知，企业的责任不仅在于经济创造和社会贡献，还在于回馈社会，为社会创造更多可持续的发展。因此，在公益方面，我们也注入了"百事创意"，与国内公益组织合力，推出新型公益项目，扶持特色农业做优做强，全面助力乡村振兴。

百事公司是首家支持中国妇女发展基金会"母亲水窖—绿色乡村"项目的企业，持续22年推进水生态文明建设，已经惠及南水北调沿线居民超过800万人。

在乡村振兴方面，"百事乡村振兴农业节水项目"启动以来，定向帮助甘肃当地农户年节水近300万吨，每户增收1.2万元。与多个零售伙伴合作的"兴农、助农"项目，不仅赋能当地农业，改善农民生活，而且鼓励消费者参与乡村振兴。

百事始终以消费者为中心，秉承包容、创新的可持续发展理念，为我们的消费者、客户、员工和社区创造更多的欢笑。相信我们对"正持计划"的长期投资，以更可持续的方式进行生产和运营，将有助于建立一个有弹性的供应链和食品系统，达到我们所倡导的"地球与人，和谐共生"的境界。

麦当劳与"她力量"在一起

麦当劳中国 CEO

张家茵

2017 年，麦当劳与中信集团达成战略合作，麦当劳中国正式进入本土化发展的金拱门时代，过去 6 年我们充分利用本地资源，加快投资决策，也加速了发展。现在我们有 5 400 家餐厅，较 2017 年翻一番；2023 年的计划是开业 900 家新餐厅，也就是平均每 10 个小时开出一家新餐厅，这也刷新了我们进入中国内地以来的开店速度纪录。

麦当劳中国践行以人为本的可持续发展旅程。我们有超过 18 万名员工，每年服务顾客近 10 亿人次，从新疆到黑龙江，再到海南，我们的顾客来自全国各地，说着不同的方言。我们希望顾客感受到自己被关注，自己被理解以及被服务。顾客中有 60% 是女性，女性员工占比则为 65%。

在"她力量"方面，麦当劳中国餐厅总经理和餐厅管理组女性员工分别占比 55% 和 59%。她们积极赋能前线所有营运伙伴，通过自己的专业、与顾客的商洽，助力更好的雇员体验。照顾好雇员，才能照顾好顾客。麦当劳全球对餐厅总经理有一个最高荣誉，即表彰和激励全球最杰出的前 1% 餐厅总经理。2023 年，有 47 名中国餐厅总经理获得这个荣誉，75% 是女性，她们同家人远赴西班牙参加全球颁奖典礼，这也是麦当劳中国对于中国"她力量"的肯定。

麦当劳中国全体员工有18万名，女性占12万名，接下来将介绍5位20～60岁的女性代表，让大家深入了解一下女性伙伴在麦当劳业务中如何展现她们的风采。

第一位是小姜，她是一名"00"后餐厅总经理，学生时代开始在麦当劳工作，用短短三年半时间快速成长为一名独当一面的餐厅总经理。20多岁的她，带领了30多名员工，管理近千万元的生意，用她年轻的视角带领她的团队。

第二位女性30多岁并已经是3个宝宝的妈妈，她在餐厅中非常受欢迎，因为她非常喜欢帮助别人。但是因为她需要更灵活的上班时间以照顾3个宝宝，所以她申请了一个新型岗位叫作系统专家，具体负责8家餐厅的订货和库存管理。成为系统专家之后，她的时间更加自由了，有更灵活的时间可以平衡工作和家庭，做到事业、家庭两不误。

第三位是汉堡大学教授，这所汉堡大学是麦当劳全球的第七所汉堡大学，位于上海。她曾经做过全国的营运，做过市场领导力学院的教授，也做过全国的总监，选择成为教授是希望把自己的经历、实践和汉堡大学的培训授课融合，知行合一，指导下一代年轻员工，让这些年轻员工学会自我认知，快速成长。

第四位是江苏省的第一个特许经营人，她拥有3家餐厅，同时是一家中小企业的CEO。她正带领她的团队把生意越做越大、越做越好，2014年她获得麦当劳全球的最高荣誉"特许经营人"。她深知人才对企业发展的重要性，她的团队中有超过60%的员工跟她一起工作超过10年，还有4名麦二代，真正做到将服务文化一代又一代地传承。

第五位是60岁的东北大姐姐，2013年退休之后继续返聘工作，在东北是麦当劳的首席品牌大使。她活跃在餐厅与顾客之间，还有很多忠实粉丝，她已经爱上了这个充满活力且清洁安全的工作场所，她喜欢餐厅同事之间朋友般的温暖，和年轻人工作让她觉得自己越来越年轻。

这几位女性代表的年龄不同，地域不同，她们在自己的工作岗位上兢兢业业，为可持续发展添砖加瓦。除了麦当劳员工身份，她们也是母亲、女儿，或者是退休后希望发挥余热的大姐姐。

我们通过3个"F"的员工价值定位为女性赋能，帮助她们持续积极地热爱。第一个"F"是家人朋友般的关怀，在麦当劳包容和非常友爱的氛围中，女性伙伴可以通过共同的价值观和使命感，并肩前行，为社区传递热爱。第二个"F"是多样化的企业发展，女性可以把她们学到的、见到的事物转换为更多的价值。第三个"F"是灵活的工作模式，通过弹性的工作时间、内容和地点，给予女性伙伴更容易平衡生活的工作岗位选择，让她们做到工作、家庭两不误。在平台的支持下，我们可以帮助不同年龄、不同背景的女性在麦当劳保持年轻的心态，让她们可以保有创意和对生活的热情，帮助我们实现高速的发展。

麦当劳创始人有一个金句，他说永远不要忘记麦当劳是一门以人为本的生意。让满怀梦想的员工在麦当劳收获快速的成长，让满怀热爱的大姐姐在餐厅里继续发光发热、保持年轻，我们希望能持续推进多样化的平等和包容的企业文化，这也是麦当劳中国众多实践ESG的一个缩影。我们将继续在与业务相关的领域中努力，点燃"她力量"，用美味和热爱凝聚社区邻里。

地产行业的
ESG 实践

"碳中和"经济时代到来与企业参与

万科集团创始人，深石集团创始人

王石

2020年，中国公布"双碳"目标，2030实现"碳达峰"，2060年实现"碳中和"。我非常明显地感觉到中国经济转型时期的到来，也就是"碳中和"经济。按照中国社会科学院测算，我们要达到这个目标，至少要投资120万亿元；温度升高要控制在1.5℃以内，就需要投资400万亿元。无论是1.5℃还是2℃，经济转型势在必行。中国各大银行都在谈ESG，谈绿色金融，毫无疑问这是条必由之路。

"碳中和"经济时代到来，我在做什么？简单来说，我们看到ESG过去更多是企业承担责任，现在要变成商业行为。因为要发展ESG，企业能够投入的钱是杯水车薪的，万科公益基金在ESG方面每年投入1亿元，20年也仅有20亿元，这距"碳中和"经济差太多。我们需要思考，ESG与经济有什么关系？与商业有什么关系？万科做住宅产业化，最初没有政府的补贴，2005年开始做一直到2015年，国家开始补贴，绿色建筑补贴覆盖成本才稍有利润剩余。2020年，经第三方认证，万科开发量在全国地产企业排第三位，但碳排放量在全国排第21位，万科的ESG基础不错。

在"碳中和"目标下，我开始二次创业，推进"碳中和"社区建设。2022年，第一期开工，共5年建设期，分3期投资。第一期的投入预计8年回收，2022年10月已经完工，预计6年可以回收投入，甚至提前至4.5~5年。以深圳盐田的项目为例，万科原来的总部中心有3.0平方千米，有山、有海、有写字楼、有住宅、有村庄，常住人口20 000人，我们将在这个特别的区域打造开发区。

深圳被列为"碳中和"未来先行示范城市，而盐田被列为深圳先行示范区，我们开发的"碳中和"社区是先行示范区的先行示范小区，规划在5年内减碳40%，自身产生绿色能源20%，不仅在中国，在全球也处于第一方阵。

谈到"碳中和"社区的商业性，未来将有一定代表性。2024年我们会在青岛、郑州、鄂尔多斯，以及新疆开发不同类型的小区，全部按照商业化运行。有政府补贴更好，没有政府补贴也一定要往前走，因为"碳中和"经济时代的到来，会有非常大的前景。

上海地区的建设当然也会在万科的考虑范围内，也许是2024年，也许是2025年。但无论是哪年，只要开发，上海就一定是中国的先行示范，要走在最前面，这是我对上海的希望。40年前我到深圳创业，开拓市场时选择的第一个落脚点就是上海。只有在上海站住脚，全国的市场才能是你的，否则就只有半壁江山，我现在的想法始终没有变。

ESG 赋能我国企业高质量发展的意义与建议

绿地集团董事长、总裁

张玉良

在充满意见分歧的世界中，ESG 是各方难得达成的坚定共识，也是在充满不确定性的环境中，拥有确定性的时代浪潮，对企业发展具有非常重要的意义。

第一，ESG 是贯彻新发展理念的重要抓手。"十三五"规划明确提出新发展理念，2020 年以后我国又向国际社会做出了"双碳"的郑重承诺，ESG 与国家大政方针高度契合，是我们贯彻新发展理念，推进"双碳"目标，实现可持续发展的重要抓手。

第二，ESG 是推进高质量发展的必由之路。高质量发展是全面建设社会主义现代化国家的首要任务，ESG 引导企业在改善经营的同时，关注可持续发展的重要指标，本质就是推进企业从单纯关注规模、速度、盈利，转向追求价值链、利益相关方的共同繁荣。

第三，ESG 是我国打造一流企业的重要标准。ESG 作为一种国际公认的评价标准，与我国提出的一流企业标准及要求完全相同，为建设一流企业提供了重要的努力方向和工作标准。

近几年来，绿地响应国家"双碳"目标，积极将 ESG 理念融入企业经营的全过程，实现高质量发展。主要包括以下几方面工作。一是践行绿色低碳发展战略，绿地主业是房地产和建筑，我们把绿色建筑作为发展战略，形成绿色建筑、绿色建造、碳金融等八个行动方案，与此同时在多个领域推进"碳中和"，积极引导和推进行业绿色低碳转型。二是开发绿色产品，绿地有绿色建筑认证的项目超过300个，其中，30%以上都达到了绿色一星以上的标准。另外我们还参与了率先降能示范项目的建设。三是推进绿色建筑的转型，主要是建设装配式智能化、数字化建筑，提高设计效率，降低误差率，降低施工成本，提高施工效率等。四是碳金融业务，2022年，绿地挂牌成立了贵州绿色低碳交易中心，积极参与联合国组织合作，与国内行业机构进行合作，沟通碳资产开发、碳资产交易、"碳中和"服务等全方位产业链。

在实践中，我们也发现了一些我国在ESG理念实施过程中需要引起注意的问题，主要是"四高四不足"。一是关注度高，但系统性认知可能不足。目前我们还处于摸着石头过河的阶段，跟全球企业比，我国企业践行ESG还在探索的过程中。二是要求高，但统一标准不足。比如国家有关部门制定了相关标准，但国家层面系统性、全面性的标准，以及标准间的衔接有待提升。三是热情高，但有效激励不足。ESG是未来方向，是全球目标，但在实践过程中还有相关方面需要平衡，如商业性问题。四是起点高，但衔接不足。这些问题需要重点关注。

企业践行ESG理念的前景广阔，应该循序渐进，不断改进完善，为推动绿色低碳转型，推进高质量发展注入持续动力。在这里有以下几点建议。

一是在国家层面，建立统一的ESG标准与体系。这些标准体系应既体现国家标准，又体现中国特色，在总的框架标准下面，再形成各个子系统的标准，这样便于企业更好地实施ESG。

二是优先在上市公司中扩大ESG参与的范围。行业领军企业、行业重要企业成员应该优先、率先推进，这是我们应该重点倡导的。在倡导的过程中，应不断地让企业将发展ESG作为自身动力去实施。

三是在实践ESG的过程中，可继续适当给企业鼓励，比如在绿色金融、绿色建筑方面的激励政策。因为在短期内有一些ESG理念与企业盈利目标还存在一定冲突。

四是大力发展ESG评价专业第三方机构。我国企业形成规范的财务制度体系用了20多年，在这个过程中会计师事务所、评级机构等专业的第三方机构发挥了比较好的作用。我们应继续借鉴之前的做法，大力发展ESG专业评价机构，使企业ESG报告真正成为具有公信力和影响力的第二张财报。

交通运输行业的
ESG 实践

企业"可持续发展"的机遇和未来

携程集团首席执行官

孙洁

联合国秘书长安东尼奥·古特雷斯警告说，地球已进入"沸腾时代"。我们看到，2023年台风、洪涝灾害凶猛，全球迎来高温炙烤，7月全球平均气温打破了12万年以来的气温最高点纪录，人类面临的气候风险与日俱增。

在这种情况下，全球化企业如何更好地履行自己的社会责任，加大力度应对外部环境挑战，从而给世界经济可持续发展注入信心？以下向大家分享携程做的一点工作。

在"追求完美旅程，共建美好世界"的愿景下，携程的ESG目标不只是成为一家可持续发展的企业，更希望推动平台上数百万名合作伙伴共同践行可持续发展理念。携程的ESG可持续发展战略有着自己的坚持：坚持企业战略与社会需求同步，造福社会；坚持"社会价值"和"商业价值"一体化，为合作伙伴的社会价值带来商业价值的正反馈；坚持长期主义，将ESG融入企业战略。这也是携程的ESG基本原则。我们的ESG，从社会要求、合作伙伴需求、携程使命出发，分为六大板块，分别是绿色低碳、性别平权、乡村振兴、助力实体、服务为先、科技创新。

在"E"（环境）层面，携程集海内外团队之力，推出"可持续旅行 LESS 计划"，用产品和技术带动旅行者践行可持续旅行，进而推动合作伙伴提供更多的低碳产品，形成用户、产业、社会的正向循环与互相促进。该计划过去一年带动超 1 600 万名用户预订低碳产品。而且，我们发现低碳产品的商业化价值初显，低碳航班的转化率比普通航班高出了 15%。通过精细化运营，对外，携程建立了面向商旅客户的"ESG 生态践行家联盟"；对内，在内部管理上持续投入，上线了光伏发电产品，助力降低能源消耗。这两项举措年均节碳超过 800 吨。

在"S"（社会）层面，携程坚持企业战略与社会需求同步，为社会创造商业之上的价值。推出了乡村振兴、性别平权等举措。

在乡村振兴方面，携程的"乡村旅游振兴"战略主要是以"高端民宿"带动乡村振兴的"携程度假农庄"，目前已在 11 个省市落地 23 家农庄，每一处农庄落地，平均带动当地人均年收入增长超 4 万元。以安徽金寨店为例，2022 年，农庄通过多种经营方式，带动当地收入总计超过 100 万元。2023 年，更多的携程度假农庄在美丽乡村落地生根。

在性别平权方面，作为一家女性比例超 60% 的女性友好、生育友好的企业，2023 年携程推出了 10 亿元生育补贴政策，每位新生宝宝可获得 5 万元生育礼金，携程女性员工还可以享受 10 余种女性专享福利。我坚信，一个企业的商业价值来源于它能解决多大的社会问题，能给社会带来多少向善的力量。

在"G"（治理）层面。携程坚持长期主义，将 ESG 与企业战略融合。2021 年，携程成立了由决策层、管理层、执行层组成的 ESG 管理委员会，决策层由我亲自负责，确保 ESG 可持续发展战略得到有效落实。目前携程已加入联合国契约组织和科学碳目标倡议组织（SBTi），进一步完善企业治理。

携程正在以可量化、更全面的方式，用平台的产品和技术带动亿万旅行者践行可持续旅行，让地球更美好，让世界更有序，让人类更幸福，这需要我们共同的努力。面对这个不确定的时代，携程坚信，"坚持 ESG"可以赢得"确定的未来"，携程的 ESG 可持续发展战略将不断创新，带动旅游行业进入可持续发展的未来。

交通运输的绿色低碳转型：敦豪集团 ESG 实践

敦豪集团首席执行官

麦韬远（Tobias Meyer）

正如世界各地许多公司一样，对于敦豪集团，ESG 也是非常重要的议题。

环境，尤其是碳排放问题对交通运输行业尤为重要。交通运输行业本质上属于碳密集型行业，并且较其他行业减少碳排放会更难。所以，敦豪集团坚定地致力于减少交通运输过程中的碳排放，向客户提供可持续的运输和物流服务。

早在 2007 年，敦豪集团就开启了"GoGreen"环保计划。客户可通过该计划采购更具可持续性的物流服务。最初该计划通过碳抵消来实现，后来更多通过不同技术手段避免排放，如使用纯电动车或可持续航空燃料。敦豪集团承诺到 2050 年达到"碳中和"，就航空运输业而言，这个目标可谓是雄心勃勃的。我们的碳排放主要是由航空燃烧碳氢化合物排放的，目前并没有什么技术可以替代。

在航空运输外的其他物流领域，我们有替代燃料可供选择。如陆运，尤其是最后一公里配送环节，敦豪集团正在更多地使用纯电动车。在过去几年中，我们为最后一公里配送扩充了车队规模——目前达到 25 000 辆。我们在运营中也更多地使用了更能载重的车辆，如以生物甲烷为燃料或纯电动的中型和重型卡车。

除最后一公里的配送用电动车替代，在可持续航空燃料方面，我们还在积极寻求合作，寻找足量满足混合燃油规定的可持续航空燃料。目前我们推出了"GoGreen Plus"，为客户提供真正"碳中和"和"碳减排"的产品，特别是真正的零碳产品。无论是通过纯电动车、替代燃料、生物燃料还是目前在航空燃料中使用越来越多的液体电力燃料（Power to Liquid，简写为 PtL）实现零碳排放，这些燃料根本上都源自绿色再生能源，通过绿色氢能转变为液体，在燃烧过程中不产生碳排放，对实现零碳目标至关重要。

在运营层面，敦豪集团加入了科学碳目标倡议组织，对运营方案进行认证。在打造碳排放友好和最终"碳中和"经济体的过程中，彼此坦诚很重要。我们承诺在 2030 年前投资 70 亿欧元，通过技术手段，如纯电动车和可持续航空燃料，在运营中进一步减少碳排放。

在中国，我们也在积极寻求合作，以加速实现可持续的物流和运输服务。敦豪集团在中国有大约 11 000 名同事，是一座连接中国与世界的桥梁。我们是全球贸易的坚实支撑，为世界各地消费者带去了更便宜的商品，全球贸易同时是对抗通胀趋势的利器，为世界各地的很多人创造了财富。我们希望以更可持续的方式推动全球贸易，这意味着提供绿色、低碳友好型或"碳中和"的交通运输服务。

中国近几年来取得的 ESG 进展给敦豪集团留下了非常深刻的印象，尤其是在可再生能源电力领域，比如全国各地风力发电机和太阳能发电园区规模的增加，这是向生产绿色氢能迈进的基础。在可持续燃料的基础上生产清洁能源对全球的航空运营至关重要，能够向客户提供真正"碳中和"的物流服务。

人类正面临着全球变暖的艰巨挑战，没有哪个国家有能力单枪匹马应对，各个地区都不能幸免于异常恶劣天气情况，人们在 2023

年夏天都体会到了这个问题的严重性。我想这是在提醒我们大家，是时候行动起来了。

敦豪集团认为ESG是一个重要议题，尤其是在二氧化碳排放导致全球变暖的挑战下。我们将继续致力于通过运营，直接或间接减少碳排放，达成2030年目标，最终在2050年实现"碳中和"。同时，我们正在同中国的伙伴合作，包括我们的客户和技术供应商，主要面向纯电动车领域、中国处于领先地位的电池科技领域，以及可持续绿色电力领域、光伏发电的细分领域等。除此之外，敦豪集团还大量生产可持续航空燃料，这样全球航空业才有可能实现"碳中和"。

车辆制造行业的
ESG 实践

ESG 和企业社会责任

中国中车集团有限公司董事长

孙永才

ESG 是企业的世界通用语言，倡导保护生态环境、履行社会责任、提高治理水平，与我国全面贯彻新发展理念的实践要求相一致，与推进中国式现代化的战略部署相契合。

习近平总书记指出，"只有积极承担社会责任的企业才是最有竞争力和生命力的企业"。作为我国轨道交通装备行业唯一一家产业化集团，中国中车始终坚持"守中致和、厚德载物"的社会责任观，致力成为履行社会责任的央企典范。2022年，中国中车入选《财富》中国ESG影响力榜第9名，位居工业机械第1名，中国中车ESG案例入选中国上市公司协会《上市公司ESG优秀实践案例》。

在推进ESG体系建设、履行社会责任实践中，中国中车以"绿色、价值、治理、担当"四大要素为支撑，着眼构建具有中国企业特色的ESG体系模型。

第一个要素是"绿色"。绿色是ESG最突出的特征、最鲜明的底色，保护良好的生态环境是世界各国人民的共同心愿。中国中车坚持生态优先，绿色发展，研制的以"复兴号"为代表的轨道交通装备系列产品，具有运量大、能耗低、排放少、污染小的特点。立足全价值链、全生命周期，发布实施"双碳"行动方案，力争

2035年实现运营"碳中和"，2050年实现全价值链"碳中和"。提出绿色投资、绿色创新、绿色制造、绿色产品、绿色服务、绿色企业的"6G"理念，推动零碳能源行动、零碳交通行动、绿色制造行动、碳资产行动、碳数字行动、碳品牌行动的"6A"零碳行动，争做绿色制造的领跑者，绿色交通的示范者，绿色生活的创造者，绿色发展的先行者。2022年，中国中车被评为中国工业碳达峰"领跑者"企业，21家子企业获评国家级绿色工厂。

第二个要素是"价值"。创造价值、分享价值是履行社会责任的矢志追求。中国中车以"点、线、网"构建价值创造体系，与投资者共享价值，与客户共享价值，与当地政府和民众共享价值。聚焦"点"——自身产品服务价值，构建基于数字化、智能化、绿色化、高端化的价值创造模型，为用户提供全生命周期服务和系统解决方案。聚焦"线"——产业链上下游价值，中国中车坚持共商、共建、共享、共赢，发挥链长融通带动作用，推广应用大数据、AI等技术，构建现代化产业体系。聚焦"网"——产业生态整体价值，持续优化全球业务布局，与全球20多个国家和地区、2 000多家供应商建立合作关系，努力构建互利共赢的产业生态。墨西哥城地铁1号线作为各方合作共赢的标志性项目，以高度的社会效益和环境效益，获评联合国开发计划署"全球十大PPP项目经典案例"。

第三个要素是"治理"。公司治理是企业履行社会责任、实现高质量发展的基石。中国中车作为"A+H"股上市公司，始终对标国际企业管治标准，构建了权责法定、协调运转、有效制衡的公司治理机制。聚焦资本市场关注点，持续提升信息披露质量，形成"以评级促管理、以报告促管理"的双驱动提升模式。发布海外社会责任报告，全面、直观地与利益相关方互动沟通。中国中车董事会连续四年在国务院国资委规范董事会建设考核评价中获得优秀。在近日揭晓的由世界级营销调查机构——美国媒体专业联盟

（LACP）2022年度报告"远见奖"评选中，中国中车2022年年报同来自数十个国家和地区的近千份年报同台竞逐，荣膺金奖。

第四个要素是"担当"。中国中车始终秉承"连接世界、造福人类"的企业使命，致力改善人们出行品质，主动融入"一带一路"合作平台。中老铁路架起了区域经济繁荣发展的快车道；雅万高铁将两地最快旅行时间由3.5小时缩短至40分钟，推动印尼和东南亚迈入高铁时代。中国中车将持续推出更高速、更智能、更绿色、更安全、更便捷、更舒适的产品，让交通发展更好惠及各国人民。

面向未来，中国中车将全面贯彻落实新发展理念，对照社会责任及ESG管理要求，以责任促发展，努力打造高端装备制造ESG典范，为促进全球交通发展与开创世界经济更加繁荣美好未来贡献中国速度、中国智慧和中国方案。

以绿色科技和产业实现变革：比亚迪 ESG 实践

比亚迪股份有限公司董事长兼总裁

王传福

从第一次工业革命使用化石能源开始，距今已有大概 260 多年。化石能源促进了人类文明的快速进步，但也让人类社会付出沉重代价。这 260 年，人类用掉了地球上将近一半的化石能源。按照目前的消耗速度，地球的煤炭资源，只能再使用 200 多年，地球的石油资源，也只能再使用 50 年。化石能源用完以后，子孙后代将面临能源的枯竭。如果不能摆脱对化石能源的依赖，200 多年之后，我们的煤、石油将会消耗殆尽，人类社会将何去何从？比亚迪一直在思考怎么改变，用绿色的科技和产业来实现变革，促进人类文明进步和社会可持续发展。

比亚迪是全球新能源整体解决方案提供商，早在 2008 年就提出了太阳能、储能电站和电动车的绿色梦想，打通能源从获取、存储到应用的全产业链各环节，用二次能源来驱动交通运输体系，经过长时间的坚守，近年来迎来了"双碳"风口。比亚迪有幸参与时代变革的浪潮，走出了一条绿色创新发展之路，成为全球销量最大的新能源汽车企业和全球第二大动力电池制造商。比亚迪坚守绿色梦想，是全球"双碳"行动的受益者，当然，更是坚定的践行者。

长期以来，比亚迪深度践行新发展理念，在环境保护、社会责任、企业治理等领域持续做好ESG工作。为提升碳排放管控能力和水平，2022年3月，比亚迪在全球率先停产燃油车。我们也在深圳坪山建设中国汽车品牌首个零碳园区总部。比亚迪持续关注社会需要，发挥产业优势，帮助社会解决就业问题，2023年招聘3万多名大学生，打造值得大学生信赖的雇主品牌。比亚迪秉持"科技慈善"理念，在赈灾救助、教育支持、关爱特殊人群等领域，帮助最需要的人解决实际困难。

企业的社会责任，不仅表现在对慈善公益事业的关注与参与，更重要的是体现在用科技创新造福人类，解决人类社会面临的能源危机、气候变化、空气污染、交通拥堵等各类问题，这是更远大的理想和目标。在实现"双碳"目标的道路上，比亚迪将与行业和各企业一起努力，争当全球可持续发展先锋，打造令人尊敬的世界级品牌。

践行绿色可持续理念，以全域自研打造高质量发展

零跑汽车创始人、董事长、首席执行官

朱江明

零跑汽车创立的时间不长，2015 年才开始起步，选择进入新能源汽车这个领域。零跑的企业命名初心与 ESG 的绿色发展理念相一致，零跑希望在出行领域实现零排放、零拥堵、零碰撞，把为用户的出行和生活创造最大的价值作为企业的使命。

零跑的愿景是成为一家全球领先的智能电动车企，从 2015 年创立之初，零跑坚持做智能电动汽车核心零部件的全域自研，一辆汽车里面最核心的零部件包括整车的架构、电子电气架构、电池、电驱、智能座舱、智能驾驶等，零跑全部采用了自己研发、自己制造的策略，在整车产品里面有 70% 的驾驶零部件是我们自己研发的，我们希望通过自己的研发、制造，通过规模化打造极致的性价比，让零跑的产品能够好而不贵。

零跑的 ESG 路线正是建立在高度的自研自产的基础上，在 ESG 探索实践中，我们一直倡导全域自研，掌握核心技术，以不断的技术创新，推动企业的可持续发展。

针对 ESG，零跑设立了四项关于环境的管理目标。在节能目标上，汽车整车工厂非常耗能，目前年产能为 20 万辆的工厂，每天的耗电量达 20 万度，现在有 15% 也就是每天 3 万度的电能是我们

自己用光伏发电生产的，争取到2024年年底有40%的电能来自光伏，从而达到节能的目标。与2022年相比，2025年前实现光伏安装容量增加11MW，光伏用电占比提高到25%；与2022年相比，2025年实现单车能源消耗下降7%。在节水目标上，因为整车制造也有一定的耗水量，争取在5年内能够节水10%，与2022年相比，2030年以前实现单车用水下降3%。在减排目标上，努力进行工艺的改善和技术迭代，不断提升能源使用效率，减少温室气体排放。在减废目标上，与2022年相比，2030年废弃物减少5%，2025年危废排放减少2%。

零跑积极响应国家"双碳"目标，关注全生命周期碳排放，致力于降低生产制造中的碳足迹。在原材料选材方面，通过增加低碳环保为选材方案评价指标，推动低碳材料的选择与使用。加强技术储备，与国内外主流材料供应商交流，持续储备低碳材料、低碳技术，为低碳设计保驾护航。有效使用清洁能源，在厂房顶部安装了光伏设备，充分利用太阳能。

零跑致力于以全域自研促进ESG探索实践，在整车产品、电池产品、电驱产品设计过程中充分考虑环保与可持续性。

我们积极推进整车轻量化，不断提升高强钢的用量、热成型钢应用比例以及铝合金的应用比例，并通过先进的轻量化技术进一步提升产品的生态环境效益。在设计产品时充分考虑产品的能量性能，采用自研智能动力系统、智能化能量流控制等系统及技术以达到节能降耗的效果。在整车热管理方面，致力于减少能耗损失，提升续航里程，在产品设计时充分考虑热管理系统的绿色效益。

通过建立完善的回收体系对废旧电池进行管理，积极研究电池梯次利用技术，打通动力电池与储能的通道。在新产品开发初期便进行绿色、低碳选材规划，优先选用回收技术成熟的材料。现有电池包所使用材料的可回收利用、可再利用比例远高于国家相关规定。电池包的每一零部件必须满足国标的要求，在确保电池包环保性能达标的同时，逐步推进禁用物质的减量与替代。

在产品架构上，通过精简零部件达成轻量化。在设计过程中，借助虚拟仿真结果进行精益设计，减少材料使用，实现轻量化。通过提高电驱平均中国轻型汽车行驶工况（CLTC）效率以显著提升整车续航能力和能源使用效率，减少碳排放。电驱噪声、振动与声振粗糙度（NVH21）表现优异，降低噪声污染，在节省电驱包覆材料的同时，带给用户舒适的体验。

我们相信，新能源汽车是实现"碳中和"目标的必经之路，零跑将继续坚持全域自研的技术路线，我们也将通过开创技术合作新格局等多种方式，与我们的合作伙伴建立 ESG 共同体。通过绿色设计、绿色制造、绿色运营，走出一条有特色的 ESG 探索之路，与大家一起为我们的社会发展创造更美好的明天。

借用我们在慕尼黑车展举办的全球战略发布会的主题口号结尾：让我们一起，LEAP TOGETHER（齐心协力），共享科技未来。

能源行业的
ESG 实践

中国华能的 ESG 实践与经验

中国华能集团有限公司董事长

温枢刚

中国华能是中国发电行业的领军型企业，装机容量全球第二；年发电量约占全国发电总量的 10%；是我国最大的民生供热企业；被国务院国资委纳入"创建世界一流示范企业"范围。多年来，华能坚持把高质量发展作为首要任务，将 ESG 融入公司发展战略，持续推动构建"绿色低碳转型、科技创新引领、共促发展和谐、现代企业治理"的"四位一体"ESG 实践和管理体系，在服务国家战略、促进可持续增长和环境保护等方面贡献了华能力量。具体而言，华能的 ESG 实践主要包括以下四个方面。

第一，以时不我待的闯劲加快绿色低碳转型。中国华能全面贯彻落实"四个革命、一个合作"能源安全新战略，聚焦"双碳"目标，紧紧围绕构建新型能源体系和新型电力系统，科学制定公司中长期能源发展框架，科学谋划战略性新兴产业，加快形成"北部风光火一体化、东部沿海风核气综合智慧能源服务多元化、西南部水风光一体化、中东部风光荷储多场景融合化"的区域发展模式，积极构建电、热、冷、水、气多能互补的能源供应智慧系统。

第二，以开拓进取的拼劲推动科技创新。中国华能，聚焦国家重大战略和行业发展需求，加强基础性、原创性、前沿性技术研究，发挥企业主导作用推动产学研用深度融合，加快关键核心技术攻关。构建"源头零碳替碳、过程减污降碳、终端捕碳固碳、多能互补友好、数字智能支撑"的技术体系，以科技创新赋能公司高质量发展，推动能源转型变革。

第三，以勇担使命的干劲共促和谐发展。中国华能坚持以人民为中心的发展理念，坚决扛起能源电力安全保供的重大政治责任，夯实安全生产基础，在关键时刻发挥了关键作用。牢固树立"绿水青山就是金山银山"的理念，实现发展与生态环境的相互促进。加强和产业链上下游企业的协同合作，服务构建现代化产业体系，推动产业链循环畅通。主动投身乡村振兴，通过设立产业扶贫基金，积极支持陕西榆林横山区"羊产业"发展，年产值达到14.6亿元。定点帮扶工作连续六年获中央考核最高等级评价，中国华能四次荣获中华慈善奖。

第四，以久久为功的韧劲完善公司治理。中国华能坚持"两个一以贯之"，持续健全中国特色现代企业制度，加强集团所属上市公司管理，获评央企公司治理示范企业。积极开展世界一流企业创建行动，三家子企业入选国资委"创建世界一流示范企业和专精特新示范企业名单"。加强合规运营管理，坚持稳健经营，价值创造能力明显提升，确保国有资产保值增值。

中国华能的ESG工作实践是一个不断向前、不断发展、不断完善的过程。在多年的工作中，我们深刻体会到，必须始终坚持党对国有企业的全面领导，牢牢把握正确的前进方向。必须始终坚持顶层设计、战略统领，推动建立合理高效的组织管理体系。必须始终坚持全过程融入、全方位推进，加强ESG目标管理和规范化、标准化水平。必须始终坚持责任沟通，提升ESG工作的传播力、影响力，持续提升企业良好形象。

中国企业 ESG 竞争力的创新：
长江三峡集团绿色解决方案

中国长江三峡集团有限公司董事长①

雷鸣山

三峡集团因三峡工程而生。三峡工程是治理和保护长江的关键性骨干工程，兼具防洪、航运、发电、补水、生态等多重功能和综合效益，集中体现了经济、社会、环境三者协调统一，本身即是一项充分体现 ESG 理念的绿色生态工程。

历经 30 年发展，三峡集团已成为全球最大的水电开发运营企业和我国领先的清洁能源集团。近年来，我们奋力实施清洁能源和长江生态环保"两翼齐飞"，加快建设世界一流的清洁能源集团和我国领先的生态环保企业。可以说，三峡集团的主责主业、发展思路和目标愿景，不仅与党的二十大提出的推动绿色发展、促进人与自然和谐共生等重大战略部署高度契合，也与 ESG 所倡导的经济繁荣、环境可持续、社会公平的价值内核高度一致。我们始终坚持在保护中发展、在发展中保护，将做强做优与 ESG 实践深度融合、一体推进，持续提升综合价值创造能力和 ESG 竞争力。

一是聚焦清洁能源主赛道，促进能源绿色转型。我们紧紧围绕

---

① 2023 ESG 全球领导者大会时任职。——编者注

"双碳"目标,构建以水电为基、风光并举、多能互补的发展格局,清洁能源总装机超 1.21 亿 kW,年均发电量 4 000 亿 kW·h,每年可减排二氧化碳 3.3 亿吨。在水电方面,成功建设三峡、向家坝、溪洛渡、白鹤滩等巨型水电站,全面建成世界最大清洁能源走廊,总装机 7 169.5 万 kW,每年提供绿色电能超 3 000 亿 kW·h。在风光发电方面,三峡集团以陆上新能源基地和海上风电集中连片规模开发为重点,差异化发展新能源业务。开工建设全球最大规模"沙戈荒"风光光伏基地项目,成功建成我国首个百万千瓦级海上风电场等一批标志性项目,探索形成"光伏+治沙""海上风电+海洋牧场"等新模式,实现新能源开发经济效益、社会效益、生态效益有机统一。在国际上,我们稳健推进"一带一路"沿线清洁能源开发,海外可控装机超 1 200 万 kW,中巴经济走廊首个大型水电项目通过了国际金融公司的 ESG 审查,已全面投入商业运行。

二是聚焦共抓长江大保护,推进环境污染防治。我们举全集团之力推进共抓大保护,牵头组建投资、科研、基金、联盟、专项资金等五大平台,实现业务布局沿江 11 省市全覆盖,累计完成投资超 1 000 亿元,城镇污水处理规模达 428 万立方米/天,建设运营管网长度超 2 万千米,助力长江经济带生态环境保护发生转折性变化。探索实践以"厂网河湖岸一体"为核心的新时代治水方案,基本消除宜昌、九江、芜湖、岳阳四个试点城市黑臭水体,九江十里河、芜湖江东湿地、岳阳东风湖、宜昌长江岸线等重点区域重现水清岸绿,成为 ESG 投资的典范。创新推出以管网为重点的"城市智慧水管家"模式,设立百亿元级长江管网公司,推动城镇污水标本兼治。安徽六安实施"水管家"模式后,污水处理能力提升124%,生活污水集中收集率和城区污水处理量均提升 40% 以上。

三是聚焦保护生物多样性,提升生态系统质量。我们统筹水电开发和生态保护,加强长江珍稀植物和鱼类研究保护,促进提升生态系统多样性、持续性。建成长江流域特有珍稀植物种类最多、面积最大的植物园，先后攻克繁育技术和野外回归等难题，累计繁育苗木 24 万余株，迁地保护荷叶铁线蕨等珍稀植物 1 392 种。建成长江珍稀鱼类保育中心，建设涵盖 110 种长江鱼类的活体库、细胞库及基因库，占长江鱼类种类的 1/4。累计放流中华鲟等珍稀鱼类超 2 100 万尾，有效促进长江珍稀鱼类资源恢复。2022 年 12 月，三峡集团生物多样性保护案例在联合国《生物多样性保护公约》缔约方大会第二阶段会议期间正式发布，并自主承诺"十四五"期间在生物多样性保护及长江大保护领域的目标和行动，受到社会的广泛关注。

四是聚焦节能降碳主战场，助力各类产业绿色转型。我们充分发挥清洁能源行业引领优势，积极推动产业结构、能源结构、交通运输结构优化调整，推动经济社会绿色化、低碳化发展。探索开展"电化长江""氢化长江"，成功建造全球载电量最大的纯电动船"长江三峡 1 号"及我国首艘氢燃料电池动力船，建成我国首个内河码头型制加氢一体站，实现由"绿电"到"绿氢"再到"绿船"循环发展。充分发挥三峡电站清洁能源和低温江水资源优势，建成我国首个绿色零碳大数据中心——三峡东岳庙数据中心。在福建建成我国首个"碳中和"工业园，在湖北宜昌、天津津南等地探索打造绿色低碳、智慧经济的"零碳城市"。

展望未来，三峡集团将坚定实施清洁能源和长江生态环保"两翼齐飞"，深入推进 ESG 实践，争当绿色发展整体方案的提供者、绿色发展共享价值的创造者、绿色发展前沿领域的引领者，努力为促进人与自然和谐共生贡献更多力量。

ESG 助力企业高质量发展的路径和意义

隆基绿能创始人、总裁

李振国

回首 2022 年，全球发展面临经济动荡和地缘冲突等重大变局，但实现"碳中和"依然是全球共识和行动。隆基始终坚持稳健经营态度，与全球客户、供应链伙伴以及各利益相关方合作，共同推进绿色能源跨越式发展。同时，我们也在思考，隆基作为绿色能源科技企业，对全球应对气候变化与可持续发展应该做出哪些贡献？

我们都知道，光能源取之不尽、用之不竭，而硅作为光伏发电最重要的原材料，在地壳表层极为丰富。随着科技发展，越来越多的硅材料被制造成更高效率的光伏产品。据测算，从石英矿（硅材料）开始到产出光伏组件，直接能耗仅约 0.4 度/瓦。而每瓦光伏组件在其全生命周期（30 年）内的发电量约为 45 度。由此计算，光伏基于硅基把自身消耗的 0.4 度转化为 45 度的绿色电力，最终产生的能源效益超过其生产消耗 100 倍。由此可见，以隆基为代表的光伏企业应用科技创新手段在生产时消耗了微乎其微的能量，却为全球能源转型贡献了超"百倍"的绿色动能。

事实上，自 2012 年上市到 2022 年，隆基累计生产的光伏产品以硅片计达到 290GW。截至 2022 年年底，这些光伏产品在全球累计可输出绿色电力超过 11 482 亿度，相当于为全球避免了约 5.36

亿吨的碳排放，占 2022 年全球能源相关碳排放量的 1.46%，这就是隆基作为光伏科技企业，为赋能全球减排行动和可持续发展做出的积极贡献。

多年来，隆基始终以客户价值为中心，不断通过技术研发和创新迭代降低光伏度电成本。自 2021 年 4 月至今，隆基已先后 14 次在不同技术路线中刷新太阳能电池效率世界纪录，特别是 2022 年突破的 26.81% 效率纪录，更是晶硅技术产生以来首次由中国公司打破的世界纪录。近期，隆基又在商业级绒面 CZ[①] 硅片上实现了晶硅—钙钛矿叠层电池 33.5% 的转换效率。在全球能源转型的大浪潮下，隆基通过持续创新产品与服务，让人们在实现"碳中和"的道路上付出的成本越来越低，让全球更多的人，尤其是发展中及欠发达国家和地区的人，能够享受到可负担的清洁能源，实现能源公平！

隆基深知企业在为全球绿色能源发展做出贡献的同时，需要关注和承担自身对环境、气候、生物多样性以及可持续发展的责任，积极践行 ESG。2020 年以来，我们陆续加入 RE100、EP100、EV100 国际倡议，[②] 并在中国云南保山基地启动了建设"零碳工厂"的计划。2020 年，隆基正式加入科学碳目标倡议组织，2021 年隆基发布首份气候行动白皮书，首次按照科学碳目标倡议组织规则提出了自己 2030 年的减排目标。2023 年 8 月，隆基通过了科学碳目标组织的官方认证，成为中国光伏行业内首家获得科学碳目标倡议组织审核认证的企业。

2022 年，隆基持续推进气候行动，建立了覆盖公司全价值链（范围 1、范围 2 和范围 3）的温室气体排放核算体系，启动"绿色

---

① CZ，是指直拉单晶制造法。——编者注
② RE100，是指"100% Renewable Electricity"（100% 可再生电力）；EP100，是指"Energy Productivity 100"（能源生产效率提高 100%）；EV100，是指"100% Electric Vehicles"（100% 电动车）。——编者注

伙伴赋能计划"，帮助供应链伙伴建立企业碳管理体系。当下，全球推行碳税的国家和地区越来越多，"减碳能力"在国际贸易中正在成为重要的竞争力之一。隆基在帮助供应商伙伴降低碳排放的同时，能够减少自身价值链的碳排放和光伏产品的碳足迹，有望带动整条产业链共同升维，打造"双碳"时代的中国企业新的国际竞争力。

2023年，我们将可持续发展管理贯彻到公司的日常运营，董事会战略委员会扩充为"战略与可持续发展委员会"，推动各项ESG工作落地与执行。我们结合公司发展目标、行业特点以及联合国可持续发展目标，提出了"引领（Lead）、创新（Innovative）、绿色（Green）、和谐（Harmonious）、信赖（Trustworthy）"五项要素组成的"LIGHT"可持续发展理念，目标就是"让人人享有可负担的清洁能源"（Affordable for all）。

隆基从2018年开始发布"社会责任/可持续发展报告"，截至2023年年底已发布了6份报告，全部坚持按照国际标准披露，坚持第三方独立审核验证，确保让更多利益相关方放心使用公司ESG信息，我们也关注到ISSB的披露准则，将以更加专业和严谨的标准来披露企业ESG信息。此外，隆基已经连续两年在联合国气候变化大会上发布隆基的"气候行动白皮书"，2023年隆基也在阿联酋迪拜举办的第28届联合国气候变化大会上发布我们的"2023年气候行动白皮书"，公开透明地呈现隆基在应对气候变化方面的行动和实践。

当前，我国经济正处在关键转型期，全球气候危机愈演愈烈，践行可持续发展与ESG，已经成为企业全球化高质量发展的必答题！隆基以领先行业的ESG行动，带动各方共同关注和实践ESG，并以建设世界一流光伏企业为更大目标，充分发挥自身在科技创新、资源整合、品牌影响力等方面的优势，助推全行业朝绿色发展方向行稳致远，致力于成为全球清洁能源领域可持续发展的倡导者、践行者和引领者。

创新需求侧减碳机制，拉动形成全社会广泛参与的"碳经济"

新奥集团董事局主席
王玉锁

本部分主要从企业践行 ESG 的角度，介绍一些新奥集团的探索和思考。

新奥集团是一家以清洁能源为主的民营企业，是较早提出"创建现代能源体系"的企业之一，ESG 所倡导的可持续发展理念，始终根植于新奥的企业战略和日常运营。

在"E"（环境）方面，新奥集团为客户提供"能碳一体"低碳用能方案。新奥集团很早就推出了以低碳能源消费为核心的泛能模式，助力打造低碳城市、低碳园区、绿色工厂、节能建筑等，并为全国 200 多个园区、7 000 多家企业提供能碳管理等服务。过去20 年来，新奥为低碳、零碳和固碳技术研发投资近百亿元，致力发展清洁能源。在"S"（社会）方面，积极推动安全数智化，让安全工作"看得见、知重点"，让企业从被动应对变为主动管理。在"G"（治理）方面，新奥创新了符合新时代人文特点的组织体系，激发员工主动为客户创造价值，支持员工多劳多得、共同致富。通过发展产业互联网，将自身产业经验打造成智能产品，赋能生态伙伴。

很多人都认为ESG代表着成本和投入。从短期看，做好ESG确实需要投入，但结合新奥实践来看，基于创新的理念、模式和技术，这些投入完全有望转化为实实在在的收益，实现社会价值与商业价值的统一，牵引企业可持续发展。

在"双碳"目标下，越低碳的产品越受市场青睐，低碳生产的企业也就能实现更高的销量和收入。比如，企业的安全工作做得越好，越能节约人力、物力和维修成本，同时大大降低事故率。再如，企业通过合规经营、员工成长、提升供应链韧性等治理手段，处理好与各利益相关方的关系，能够造就一个更加健康、强大、有生命力的可持续发展企业。基于以上的分析，可以看出ESG真的不只是投入和成本增加。

可以说，通过理念、机制等创新做好ESG，既能实现社会价值与商业价值的统一，又能解决社会面临的诸多经济问题，实现全社会的可持续发展。

我们都知道，当前中国经济面临的主要挑战，包括如何提高大众收入水平，如何找到房地产之外的全面拉动经济发展的新领域，如何实现高品质、高质量发展，如何推动"双碳"目标快速落地等。这些挑战的解决，需要一个强有力的抓手。这里我有一个初步思考，就是在ESG理念牵引下，利用创新的需求侧减碳机制，拉动形成全社会广泛参与的"碳经济"，有望为解决当下发展难题提供系统性方案。

如大家所知，传统减碳理念和机制设计是从供给侧切入的，由政府给企业分配碳指标，超额排放就需要花钱买指标或者被处罚，这在企业看来，不管是加大投入减碳，还是买指标，都是成本的增加，没有动力主动减碳。如果换一种思维模式，从需求侧出发拉动减碳，就可以让减碳真正为企业创造效益。

大家知道，碳是生命的基础，每个人都享有平等的碳权利。基于此，若能通过政府的顶层设计，以数字碳币的方式，把碳排放权公平地分配到每个人的碳账户，消费者在购买商品时以"货币＋碳币"进行支付，自然更愿意购买低碳的商品，低碳生产的企业就能够实现销量和收入的增长，减碳也就有了可持续的动力。

这套机制若能实施，不仅有望全面推动 ESG 落地，更能解决发展难题。

- 助力实现共同富裕。消费多、碳耗高的人向消费少、碳耗低的人购买碳权，能够为低收入群体提供基本收入保障。
- 为经济发展提供新引擎。企业低碳生产、大众低碳生活会产生大量新需求，将拉动生产设备全面升级换代，推动高效装备、低碳能源等产业快速发展。
- 支撑经济高质量发展。这套机制的运行涉及碳权的分配、交易与碳足迹的准确记录，以及低碳产业的发展，这些都离不开数智技术的支撑。因此，数智技术将加速与人们生活生产的深度融合，助力各行各业形成产业智能，提升产业整体能力，同时推动各行各业高质量发展。
- 加速"双碳"目标落地。以低碳消费拉动企业低碳生产，通过企业自愿减碳，实现经济社会低碳绿色发展。

目前，新奥正试着从企业自身入手，基于上述理念打造低碳办公体系，为每个员工开设碳账户、发放相同的碳配额，引导大家主动低碳办公，预计未来三年能够降低 30% 的行政开支。

以上就是我们落地 ESG 的行动和思考，还处于不断探索的过程中。希望能够与各位一起努力，共同推动 ESG 发展，真正实现社会价值与商业价值的统一，在助力中国式现代化建设的同时，为全球"碳中和"目标达成和人类可持续发展贡献力量。

高端制造及新材料行业的
ESG 实践

海信在 ESG 领域的实践与思考

海信集团董事长
贾少谦

ESG 是评价企业的世界语言，它倡导企业在环境、社会和治理等多维度实现均衡发展，不仅代表了全球经济治理的方向，更是助力"双碳"目标实现、推动经济社会高质量发展的内在要求。2004年，ESG 首次被联合国全球契约组织提出以来，在近 20 年的时间中，ESG 在越来越多的企业中逐渐从自发到自觉，从理念走向行动。尤其是近年来，在国家战略引领下，ESG 在中国进入了加速发展的新阶段。

作为全球知名的家电企业，海信一直以深度科学技术研发引领行业发展为己任，以提升人类品质为追求，全球化业务稳步拓展，经营业绩稳健增长。在此过程中，海信积极应对气候变化，推动绿色低碳发展，以长期主义认真践行和推动 ESG 理念，两度入选《财富》中国 ESG 影响力榜，并且获评亚太经济合作组织（APEC）工商领导人中国论坛"可持续中国产业发展行动"国内最佳实践案例。

围绕这些年海信的 ESG 实践，以下分享三点感受。

第一，以长期主义做好 ESG，关键在于技术引领。目前国际上提出了新的理念，叫"ESG + T"，T 是 Technology（技术）的缩写，意在强调技术创新在 ESG 中的重要作用。在国内，随着"双碳"目标纵深推进，也对绿色技术创新提出了新要求。中央经济工作会议强调，要加快绿色低碳前沿技术的研发和推广应用，国家发展改革委、工业和信息化部、科学技术部、生态环境部也出台了相应的政策。

对于海信，我们一直坚持"技术立企、稳健经营"的发展战略，重视研发基础性、原创性、颠覆性的绿色创新技术，满足人们对美好生活的向往和追求。2023 年 9 月，德国柏林国际电子消费品展览会（IFA）举行，我们特别展示了海信在绿色技术创新方面的最新成果，这些来自中国的代表性创新得到了当地媒体和民众的积极评价。

海信主导并引领的激光电视是其中一项代表性技术。深耕激光显示 16 年，海信已经把 100 英寸[①]激光电视的功耗降到 250 瓦左右，也就是 4 小时一度电，未来将把其功耗降低到 200 瓦以下，而同尺寸液晶电视功耗都在 800 瓦以上。我们根据第三方公开的中国电视销量数据进行了测算，如果我国 75 英寸、80 英寸及以上的液晶电视全部替换为激光电视，按照每天使用 4 小时计算，2022 年一年可节电 8.8 亿度。同时，海信激光电视原材料和生产过程也更加环保，可回收率高达 92%。

以新技术满足消费新需求，海信激光电视不仅在国内受到消费者欢迎，更是作为中国高端出海的代表，走出国门，赢得了全球消费者的认可。2023 年上半年，海信激光电视在德国、意大利等多个欧洲国家销量同比大增。随着激光电视在全球热销，相信对节能降耗的作用也将是全球性的，而且会持续增长。

从 2018 年开始，海信通过五氟丙烷削减技术，对家用冰箱生

---

① 1 英寸 = 2.54 厘米。——编者注

产线进行发泡技术改造，达到减少温室气体排放的效果。该项目减少消耗五氟丙烷共 251.85 吨，相当于每年生产线减少 25.66 万吨二氧化碳排放、植树 1 400 万棵。联合国开发计划署因此点名表扬海信，通过在冰箱生产发泡技术上的替代升级，带动了中国冰箱行业向低碳环保方向发展。

与此同时，海信在智能交通技术上的研发与应用，也为整个社会的可持续发展带来了较大贡献。海信智能交通技术目前已应用于中国 175 个城市，据海信工程项目统计数据，一座城市应用海信智能交通系统后，交通通行率将提高 10%，停车次数、车行道路时间将减少 30%，尾气的排放污染将减少 20%，有效减少了交通拥堵带来的碳排放。

第二，以长期主义做好 ESG，需要"水滴穿石"来成就。ESG 建设是一项复杂的系统工程，不能一蹴而就，而是"水滴石穿"，需要公司的每个业务环节、每一分子通过具体行动来实现。

海信将 ESG 理念贯穿技术创新管理、质量管理、供应链管理、智能制造管理全过程。在行业内率先实施《产品绿色环保设计标准》，发布《海信绿色发展纲要》，并将"恪守《海信绿色发展纲要》"写入集团最高制度——《海信集团诚信守则》，其中明确"在经营管理的各个环节，在每个人的具体行动中，认真践行《海信绿色发展纲要》的规定和要求"。

海信持续完善绿色制造体系，全面推行绿色制造。2015 年以来，海信制造系统单位产品综合能耗累计降幅达 58.6%。根据工业和信息化部公布的绿色制造名单，目前海信拥有的国家级绿色工厂数量及覆盖率领跑行业。

在海信，ESG 是一场"全球行动"。海信在行业里较早提出并践行"造船出海"，在全球不同地区设有 15 个海外研发中心、18 个海外生产基地以及 66 个海外公司和办事处，可以在当地研发、制造和销售，一方面在当地雇用员工、贡献税收、推动当地经济和社会发展，另一方面也减少了能源消耗，有助于企业履行社会责任。

第三，以长期主义做好 ESG，根本在于"利他"和"共赢"。我们常说，"一人行速，众人行远"。近年来，海信集团主导参与了 100 余项绿色低碳国家/行业/团体技术标准的编制与修订，推动家电行业的绿色产业技术进步，提升了国际竞争力。海信以开放的心态与巴斯夫、霍尼韦尔、德州仪器等全球供应链上下游企业展开合作，通过共享或共同开发领先技术，提供解决方案，构建绿色生态。

ESG 的根本在于"利他"和"共赢"。用心做产品善待客户，用心做经营善待员工，用心做公益善待社会。这是海信与世界、与社会、与客户、与消费者相处的基本原则，也是海信这些年来持续赢得全球政、企、社区、社会组织和消费者一致认可的基石。

在南非，海信不仅带来先进的家电制造技术，创造了大量就业机会，促进了产业协同发展，还积极承担社会责任，通过各类公益活动融入和反哺当地社会，获得南非社会的赞赏。南非贸工部部长易卜拉欣·帕特尔评价海信南非家电产业园是"互利共赢的一张名片"，海信在南非的实践也因此被联合国评为南南合作经典案例。

回到我们今天的主题，ESG 理念与企业高质量发展其实就是一个硬币的两面。从国外卓越公司的发展历程看，企业一旦将 ESG 理念内化为公司上下各个环节的集体自觉行为，就会产生强劲而持久的发展动力。

对立志经营百年的海信来说，践行 ESG 理念，始终在路上。未来，海信将以更大的责任和担当，不断地坚持与追求"科技向善""商业向善"，围绕 ESG 进行持之以恒的探索和实践，缔造更多价值，赋能行业和社会发展。

ESG 与科技创新助力中国制造走向中国创造

工业富联董事长、CEO

郑弘孟

在探讨 ESG 的时候，工业富联的方针是每股收益（EPS）和 ESG 并重。作为企业，不仅要懂得如何为股东谋福利，同时对环境、社会和治理也要做出贡献。ESG 是助力企业高质量发展的重要力量之一，工业富联凭借 ESG 实践，在 2022 年突破 5 000 亿元的年营业额大关。

工业富联主营业务采用"2 + 2"战略。除了高端智能制造，我们也积极推动工业互联网业务布局，特别是在半导体方面，我们积极参与装备研发，从装备开始减少能耗。工业富联另外一项主营业务是大数据和机器人，通过大数据和机器人，推动数字经济绿色发展。

企业面临新的挑战，实践是必然选择。在新冠疫情期间，大多数企业做数字化都是为了提质增效、降本减存。根据世界经济论坛推动的制造型企业"灯塔工厂"主流价值体系，可以发现大家对可持续发展的重视程度逐渐提高，对 ESG 的重视程度相较于过去有了大幅度提升。特别是 ESG 的推动，让很多企业在新技术、规模化的应用，责任供应链的透明化、柔性、韧性，以及"碳中和"的管控和人才梯队的培养等各方面做了更有效、更明显的催生，创造了不一样的 ESG 商业价值。

工业富联一向以推动 3R 来实现"碳中和"的目标。Reduce——减少碳排放，Replace——能源结构的转型，Resolve——碳抵消和碳捕捉。工业富联于 2022 年已经提前实现了"碳达峰"。2023 年，工业富联扩大了节能技术及可再生资源投资，大量采用再生能源，短期目标是计划 2030 年相较于 2022 年基准下降 80%，到 2035 年实现营运范围 100% 份额的"碳中和"，到 2050 年实现价值链的净零排放。

数字化平台在减碳中发挥着重要作用。工业富联建设了数字化能碳管理平台，通过多类型设备的数据采集、多能源介质管控、多系统对接，有效把数据采集起来，使用一个平台来推动碳足迹的管理、智能能源的管理以及低碳价值链的构建。2023 年，工业富联能碳管理平台获得了中国工业互联网年度优秀解决方案。此外，我们加大了对清洁技术的投资，特别是在六大清洁技术的产品领域，通过光伏、风能创造再生能源；通过能效管理，对能源消耗进行及时管控；通过物联网技术，采集各种各样的数据；通过 AI，实现宏观调控；通过工业自动化，让流程更加清晰，让智能制造更加有效。我们应用清洁技术的绿色产品已达到 2 144 亿元，占比 41.88%，清洁技术领域专利达到 343 项，累计 1 147 项。

工业富联一向用技术推动相关目标和指标的实现。AI 现在方兴未艾，最重要的就是数据、算法和算力，但是大家好像都忽略了 AI 还需要大量电力。算力越来越高，AI 数据中心的能耗也在快速增加。对此，工业富联推出了模块化设计，推出了图形处理器（GPU）散热解决方案。数据中心在每一个先进国家的城市里都占很大的用电比例，而一个数据中心中 30% 的电力消耗都来自散热。我们从装备本身来改善，推出了最新的液冷式散热设备，可将数据中心散热的电力消耗有效地从 1/3 降低到 1/4。所以未来的数据中心建设不应只考虑算力，还要考虑它的散热和能耗。

此外，工业富联扎根中国，推动绿色生产。我们在全国推动建设了 12 座绿色工厂，7 座为国家级，5 座为省市级，在 2025 年以前要实现建设 16 座的目标。我们还建设了 7 座零废填埋工厂，在 2025 年要实现建设 19 座的目标，特别是将在观澜、龙华、天津、兰考等地持续推动零废填埋工厂的建设，从而引起管理层和员工对 ESG 的重视，达到净零排放的目标。

灯塔工厂规模化地发展，助力中国制造。截至 2023 年年底，在全球 132 座灯塔工厂中，工业富联占了 6 座。2019 年，我们推动了电子信息产品的组装，生产能力、生产效率和库存管理等运营指标都大幅提升。2023 年 1 月，世界经济论坛宣布了全世界第一座高端精密结构件的灯塔工厂在深圳诞生，这座工厂的各项可持续指标都得到有效改善，包括能耗、温室气体排放、用水量，以及固态废物的降低等。通过灯塔工厂的推进，工业富联持续扩展自身的生产力并推动可持续发展。其中，很重要的是数字化、自动化、机器化、智能化这"四化"的推动。

改革开放以来，我国极力推动产业改革和提升，但近期全球经济的格局在变化，国际上对中国制造发出了一些怀疑的声音。在这里我想跟大家分享的是，根据过去 40 年经验，我们国家有多元的人才布局，有前沿的新材料研发，还有成熟的供应链体系、完备的物流链流通、先进的自动化技术，我们不仅做到了从 0 到 1，我们还要从 1 做到无限大。通过这几个能力，不局限于中国制造，我们还要畅行中国创造，走遍全天下。工业富联以企业责任筑高质量发展之道，以科技创新辅可持续发展之路，希望携手各方伙伴，向着更加绿色、更加和谐、更加规范的美好未来前行。

"商业赋能"与"社会赋能"的结合：跨国公司推动行业与社会可持续发展转型

施耐德电气副总裁、公司事务及可持续发展中国区负责人

王洁

距《巴黎协定》已经过去 8 年了，我们是否仍走在控制全球升温 1.5℃ 以内的正确路径上？国际能源署预计，要实现 2050 年升温控制在 1.5℃ 以内的目标，全球每年减碳要达到 100 亿~150 亿吨，大约是当前各国承诺减碳力度的 3 倍。并且，全球气温已经升高了 1.2℃，若想实现控温 1.5℃ 的目标，未来 10 年的转型速度非常关键。所以，可持续发展不仅是必答题，更要全面提速。

在此背景下，每个企业对可持续发展目标的实现都有着不可推卸的责任。而要跑出可持续发展的"加速度"，先行者的引领和赋能尤为重要。跨国公司有着全球化的发展经验和国际视野，更早接触了可持续发展理念并予以实践，更有可能成为可持续发展道路上的先行者，更有可能赋能行业乃至整个社会，以加速可持续发展。

施耐德电气一直致力于成为这样的先行者与赋能者。作为一家有着近 200 年历史、业务足迹遍布 100 多个国家和地区的全球化企业，早在 2002 年，施耐德电气就已经将可持续发展纳入公司的核心战略，并融入业务经营的方方面面。目前，在施耐德电气的全球营收中，可持续影响力收入已经占到总收入的 73%。这说明践行可持续发展，同样可以带来经济效益。

作为可持续发展的积极赋能者，施耐德电气认为，可持续发展是一项创造社会价值的系统工程，不仅要在商业层面推动可持续发展，也要努力赋能全社会。"商业赋能"与"社会赋能"两位一体，才能最大程度影响和推动可持续发展进程。

在商业赋能层面，首先是赋能客户。我们通过不断创新的绿色产品和解决方案，截至 2023 年上半年已经帮助全球客户减少了 4.81 亿吨碳排放，到 2025 年，这个数字将达到 8 亿吨。

其次，也要赋能上下游供应链。据测算，供应链平均碳排放可达企业直接排放的 5 倍以上。并且，供应链上有大量中小企业，他们缺少减碳的技术与经验，亟须先行者来带动。为此，施耐德电气打造了涵盖绿色设计、绿色采购、绿色生产、绿色交付、绿色运维的端到端绿色供应链，并且在 2021 年启动了"零碳计划"，希望帮助全球前 1 000 位战略供应商到 2025 年将运营碳排放降低 50%，其中包括在中国的 230 家供应商。"零碳计划"启动两年以来，全球供应商的平均减碳幅度已经达到 20%。赋能供应商减碳，不仅能让我们的供应链更可持续、更具韧性，也能惠及其服务的其他企业，促进整个产业的可持续发展。

最后，还要赋能合作伙伴。2022 年，施耐德电气发布"减碳大师"计划，集结各行各业的减碳先行者，一起打造绿色生态圈，影响和助力更多企业和个人在减碳之路上"有技可施"。

作为"减碳大师"计划的一部分，我们还推出了面向全球的"可持续影响力奖"，发掘和表彰在践行可持续发展方面的标杆合作伙伴、客户和供应商。我们期待更多的企业能积极参与，在这个平台上相互分享交流，把中国可持续发展的领先经验传递给全世界。

当然，作为一家历史近两个世纪的企业，施耐德电气知道，可持续发展不仅需要商业范畴的努力。要实现更有效、更长期的加速，还需要赋能社会层面的可持续发展，尤其是重视培养年轻人甚至下一代的理念和能力。

首先，培养年轻人的能力，为可持续发展积蓄力量。施耐德电气多年来践行企业社会责任，发起了一系列人才培养行动，其中包括"碧播计划"和"Go Green 赛事"。

我们坚信，职业教育可以培养更多可持续发展的应用型人才，支撑产业绿色低碳转型。施耐德电气的"碧播计划"，通过"产教融合"的方式，携手职业教育院校开展校企合作，赋能高水平应用型人才的培养。为推进"碧播计划"的稳健运营，施耐德电气携手政府、产业链及合作伙伴、基金会、社会团体、行业协会、科研院所等，形成更强大的资源池。到 2023 年我们已经与全国 100 多所高职、应用型本科院校开展了合作，受益学生近 10 万名，覆盖电气及能源管理、智能照明及楼宇自动化、工业自动化及智能制造等多个领域，源源不断地向社会输送具有数字化知识的技能型人才。

施耐德电气也积极探索与大学的合作，帮助大学生结合可持续发展的理论和实践，积极参与绿色创新。比如通过举办 Go Green 赛事为全球大学生提供创新平台，鼓励学生将理论知识与实践相结合，探索可持续发展的新思路。截至 2023 年，这项比赛已连续举办 13 届，有来自 200 多个国家的 16 万余名学生参与其中。施耐德电气还以校企合作的模式创新比赛，将 Go Green 赛事与"高校电气电子工程创新大赛"结合，开拓全新企业赛道，为大学生发挥绿色创想，加强创新应用与实践能力提供了平台。

其次，我们也不能忘记播种可持续发展的绿色种子。6~12 岁是树立世界观的重要时期，我们也有责任引导处于这一年龄段的孩子建立可持续发展的价值观，主动选择绿色低碳的生活方式。施耐德电气志愿者协会发起了"可持续发展少年课堂"项目，走进小学校园，让孩子更加自然地了解并接受可持续发展理念，指导他们将可持续发展融入自己的生活和学习，一起传递可持续发展理念。2023年，我们已经为北京、上海、武汉等地区的上千名孩子带去了生动有趣的可持续发展课程。未来，这些课程还会走进更多的城市和学校。

我们相信，可持续发展虽然形势紧迫，但仍有迹可循。千人同心，则得千人之力。施耐德电气愿与更多企业携手，通过商业赋能和社会赋能的结合，产生"共生效应"，加速可持续发展的正循环。

探索 ESG 可持续发展的正泰实践

第十四届全国政协常委，浙商总会会长，正泰集团董事长

南存辉

践行 ESG 理念将给企业的经营内容、发展战略、管理方式、绩效评价和治理体系等带来新要求，有助于实现股东价值、商业价值、社会价值和相关方价值的有机统一，进而为企业实现绿色创新高质量发展保驾护航。

正泰紧抓数字经济与绿色低碳等新兴产业高速发展的新机遇，聚焦在绿色能源产业、智能电器产业、智慧低碳产业等核心业务，持续深耕国际市场，培育科创，孵化生态。

正泰近 40 年来坚持长期、专业、共创、共享四个主义和让能源更安全、更绿色、更高效的使命，与 ESG 理念要求同频同向。正泰将 ESG 理念融入企业发展战略，将自身的可持续发展与国家"双碳"目标、社会环境的可持续发展紧密结合，探索数字化"碳中和"解决方案，积极参与新型能源体系和新型电力系统建设。

锚定"双碳"目标，助推绿色可持续发展

正泰发挥新能源全产业链优势，在全球累计投资规模超过 31GW，每年可提供绿电超过 340 亿度，减少二氧化碳排放 3 000 万吨以上。因地制宜实施农林光互补等创新"光伏+"发展的模式，

实现农民增收、社会增效。

正泰库布齐 310MW 电站入选联合国工业发展组织的"可持续土壤治理"类方案。大力推广光伏建筑一体化（BIPV），整县推广户用分布式、光伏一站式解决方案，实现清洁能源身边取，助力传统能源结构向更安全、更清洁、更便宜的方向转型。加快构筑智慧低碳城市，建设生态圈，推广绿源、智网、降荷、新储、零碳乡村与近零碳智慧楼宇、区域能源站等解决方案。从绿色供应链管理到绿色工厂，从碳足迹认证到零碳工厂，将绿色低碳理念贯穿生产管理全流程，成功加入联合国全球契约组织，并获得全球伙伴关系"一带一路"国家可持续发展等荣誉。

坚持共创共享，探索共同富裕新路径

积极探索世界模式，把履行社会责任作为企业发展的内生动力。一是发挥"链长"企业价值，与上下游数千家企业携手打造供应链命运共同体，引领全链数字化、低碳化转型升级。二是以坚持以奋斗者为本，打造价值共享文化，持续推动股权激励，带动员工实现财富积累。三是开创光伏富民模式，已经建成超过 100 万户屋顶光伏电站，为每户家庭年增收 1 000～3 000 元，汇集了全国 1 300 多个区县的合作伙伴，提供了 16 万余个农村就业机会，同时发起成立一度电专项公益基金，支持农村卫生健康教育，助力乡村振兴。四是在上海、杭州、温州等地投资建设科创孵化园，打造科创园区与投资赋能双轮驱动的科创孵化机制，赋能近千家创意创新公司加速发展。此外，正泰持续在抗疫救灾、扶贫济困、捐资助学、乡村振兴等方面积极承担社会责任，两次荣获中华慈善奖。

坚持守正创新，推进公司治理现代化

正泰将 ESG 理念贯彻到企业的战略升级、经营优化等流程，推进公司治理体系和治理能力现代化，严格把住投入产出效益主线，管住现金流和资产负债表两道安全底线，牢牢守住安全合规与产品质量生命线，筑牢高质量安全发展根基。通过数字正泰经纬工程建设，进行集团平台化努力，用聚变做强做大集团平台化能力和品牌影响力，用裂变做专做精、做优产业。

在百年未有之大变局加速演进，数字经济叠加全球能源结构转型的新时代，千帆竞发，百舸争流，机遇多多，挑战多多，ESG 必将凝聚更多发展共识，释放更强发展动能。正泰愿与各界朋友一道，探索全球生态环境治理与绿色低碳构建的现实路径，共同为谱写新时代生态文明建设新篇章做出新的贡献。

跨价值链合作与材料科技：陶氏的 ESG 实践

陶氏公司大中华区总裁
朱成怡

陶氏公司是一家全球领先的材料科学企业，致力于为包装、基础建设、交通运输、消费者应用等行业客户提供创新性的、可持续的解决方案。

在陶氏公司，我们利用跨价值链的合作和材料科技的优势来拓展业务。推动经济与社会的可持续发展、保护地球是陶氏公司的核心价值观之一，陶氏公司也是改革开放以后最早进入中国市场的外资公司之一。1979 年以来，陶氏公司在中国已经深耕了 40 余年，陶氏公司大中华区是陶氏公司最大的国际市场，是全球第二大市场，陶氏公司在中国已经建立了非常完善的服务网络，包括运营中心、世界级的制造基地和创新中心。

陶氏公司在大中华区的增长战略是走向本地、走向专业。通过全球积累的经验，结合本地化的创新以及不断优化的服务为客户提供高质量的解决方案。以下具体与大家分享陶氏公司的实践经验。

近年来，中国的绿色低碳发展取得了引人注目的成就，是同时期全球范围内在低碳、绿色转型中最有成效的国家之一。可以说陶氏公司见证了中国在新能源领域快速发展的历程，陶氏公司的许多产品被广泛地应用于光伏、风电、电动车等领域，也让我们坚信中国市场有对的土壤，对中国的可持续发展充满信心。

作为一家材料科技企业，陶氏公司专注于三个方向的可持续发展：气候保护、可循环经济和更安全的材料。我们深知企业在保护环境和降低排放上的重要责任，根据陶氏公司已经发布的计划，基于2020年的数据，至2030年陶氏公司将在全球市场减少15%的二氧化碳排放量，也就是每年降低300万吨排放，并承诺在2050年达到"碳中和"。不少读者会问，像陶氏公司一样的大型跨国企业如何实现减碳目标？以江苏省张家港的生产基地为例，这一基地有110万平方千米，是陶氏公司世界级一体化的生产基地，也是陶氏公司在亚太和中国最大的制造基地。在采取全球统一的严格标准的同时，我们也充分结合每个工厂在当地的实际情况，制定具体的减碳步骤和目标。

在张家港的运营基地，通过安装新的蒸馏塔可以减少13%的蒸汽用量，预计减少2.1万吨二氧化碳净排放量，同时可以增加硅氧烷产量。陶氏公司也在持续增加绿色能源的采购，我们定的目标是在2023年年底实现25%的绿电，这也使得张家港工厂范围1和范围2的排放减少8%。陶氏公司还计划在110万平方千米的厂房和空地上继续安装太阳能光伏板，建成后可再为工厂减少6 000吨的碳排放。此外，陶氏公司也在积极探索加速实现零排放的硅氧烷工厂路径。

可持续发展离不开创新，陶氏公司对此深信不疑。实现社会与产业的可持续发展一定要包括企业、供应商、物流公司，甚至政府、社区等所有价值链的上下游以及利益相关方的共同努力，寻求开放性的解决方案，分担可能增加的成本。

此外，在资金配置和投资方向上，企业也需要做出相应的调整，不仅要在新技术中发挥作用，还要在原有的技术上加强效率。

作为材料科学公司，陶氏公司充分利用自身的材料科技优势和在产业中的号召力，携手客户及行业伙伴，打造了诸多整体的解决方案。2009年，陶氏公司将第一个客户创新中心设在了上海，这里每年会举行30多场跟客户的头脑风暴，一起来探索更可持续的包装、建筑、交通运输等领域的应用。

目前，陶氏公司有超过87%的研发都在关注可持续的解决方案，包括提高太阳能电池板的能量收集效率，为建筑降温的材料等。以汽车行业为例，这个行业也是我在陶氏公司期间供职时间最长，也是最关注的行业，我很高兴地见证了中国汽车年产量从100万台到2 700万台，成为全球最大的汽车生产和消费市场。全球汽车市场也在经历着快速更迭，中国企业在电动化方面走在了世界前列，对高性能的汽车电子产品、电池材料、轻量化材料和一些可循环利用材料的需求都非常高。针对这一点，陶氏公司及时推出了相关平台，把陶氏公司针对汽车的材料解决方案整合在一起，与客户实现无缝对接。

还有一个例子，是关于5G创新产品。我们看到了数据中心冷却的需求，最新开发了ICL1000材料，它是新一代的静默冷却产品，适用于超高规模的云计算和企业级计算中心的冷却。这一产品不仅能够达到冷却的效果，而且能够大大降低能耗，提高整体的运营效率和可持续性，这个创新产品也获得了2022年R&D100大奖、入围路透社2022年全球商业责任大奖等。

循环经济需要变废为宝。为了实现循环经济，陶氏公司在不断创新的同时，从未停止过对循环再利用的探索。事实上，在战略层面我们已经把变废为宝和实现闭环作为两大重要目标。在变废为宝的目标上，陶氏公司计划到2030年转化塑料废弃物和其他形式的替代原料，并实现每年300万吨循环可再生解决方案的商业化。而针对实现闭环这一目标，陶氏公司承诺在2035年以前实现循环经济，用于包装领域的产品将100%实现可循环利用和可回收。

一直以来，陶氏公司致力于材料科学，帮助塑料行业转型升级，以创新设计和推广跨行业上下游合作来提升塑料的使用。一方面，我们和立白公司开发了双向拉伸聚乙烯薄膜技术，开发了中国第一个可完全回收的洗衣袋包装，打造了塑料回收运用闭环。我们希望通过多维度、多领域的塑料再回收与可再生资源的商业化，在未来实现长期持续互利共赢的循环经济最优解。

在陶氏公司看来，追求可持续发展不仅是一代人的责任，更应该是每一代人的习惯，让我们的下一代深入理解可持续发展的必要性，并参与实践就非常有意义。陶氏公司一直以实际行动和创新项目来帮助年轻一代参与可持续发展的生活方式，2022年6月5日的世界环境日，陶氏公司携手美团单车等开展了"2022年共享单车变球场"公益项目，首创在共享单车上使用的实心轮胎材料，陶氏公司把轮胎材料回收利用建成非常漂亮的运动场地。三方携手在云南、四川、甘肃、西藏等省（自治区）的偏远地区建立了10余座运动场，为超过5 000名青少年提供了运动场地。

另外，从2007年开始陶氏公司就与国际青年成就中国部开展了城市可持续发展课程。迄今为止，已有来自39个城市，超过73万名青少年享受到这一课程。2022年，陶氏公司联合万物新生集团的爱分类、爱回收和国际生态艺术组织共同举办了首届"重塑新生"环保艺术设计大赛，通过艺术和环保材料的融合，推动年轻一代对循环经济和社会发展进行深入思考。2023年5月，"重塑新生"环保艺术展在上海展出，首届"重塑新生"的获奖产品也得到了集中展示，受到上海市民的热烈欢迎。

最后，我希望再次强调陶氏公司对推动中国市场可持续发展的长期承诺。中国是陶氏公司最大的国际市场，在过去40余年里，陶氏公司扎根于制造业和工业领域，收获了很多宝贵经验，与各界合作伙伴缔结了深厚的友谊。我们期待与合作伙伴、客户、供应商，以及社会各界携手前行，分享陶氏公司的经验和技术成果，用创新合作、循环经济思维来进一步提升绿色低碳发展的效率和效力，一起继续探索，合力加速中国可持续发展实现双赢的宏伟目标。

农业的 ESG 实践

农业侧的 ESG 解决方案与贡献

新希望集团有限公司董事长
刘永好

新希望是一个从四川农村起步的民营企业，经过 40 余年的努力，走向全国，走向世界。我们以农牧业食品产业为主营业务，拥有世界第一的饲料产能和世界级的生猪肉禽养殖规模，也是中国最大的肉蛋奶生产商之一。

肉蛋奶是老百姓餐桌上的必需品，保证好餐桌安全是农户食品企业最重要的社会责任。农产品生产关系千千万万的农户，农产品消费又关系着数以亿计的老百姓，因此，企业日常经营与带动农民脱贫致富紧密相关。很早以前新希望就开始践行社会公益，1994 年以来，新希望牵头发起"光彩事业"，号召全国民营企业加盟较为落后的地区新办项目，开发资源，为缩小地区差距、促进共同富裕做贡献。如建设了全国第一个产业扶贫工厂——凉山州希望饲料厂，在大凉山走村串户，带动村民脱贫致富。光彩事业到今天已经落地 1 483 个项目，实际投资额近 8 000 亿元，是中国起步较早、发展较好、参与企业众多的大型公益项目。

当前，企业社会责任的范围越来越宽，ESG 运动在全球兴起。经历了几十年的高速增长，中国步入了发展新时代，高质量发展、"双碳"目标等成为新的发展目标。在这样的大背景下，新希望从

ESG 的三个维度发力，以焕新的思路、焕新的举措顺应 ESG 的世界潮流。

新希望高度关注消费者、用户、员工、社区、环境等利益相关方的诉求。20 多年前，新希望发布了企业社会责任报告，将 ESG 理念融入公司的经营管理实践。2023 年夏天我们对气候变化有了更直接的感知，8 月份的大暴雨给华北地区的部分民众和企业带来了一定损失，新希望的一些养殖基地也不同程度地受到高温和洪涝灾害影响。在全球气候变化的大背景下，可持续经济增长和环境保护的重要性更加凸显。

在环境方面，农牧行业与自然生态的关系最为紧密，保护生态环境是新希望义不容辞的责任。我们坚持绿色低碳发展，发展生态养殖。例如，我们将处理达标的水、发酵的猪粪等就近还田，实现污染物合规排放，2023 年上半年处理污水 761 万吨，猪粪 13 万吨，二氧化碳减排达 60 万吨。再如，利用建筑物等屋顶资源，试点推广光伏、沼气等清洁能源的多元化利用，减少温室气体排放。2023 年上半年，新希望光伏发电试点项目发电超过 700 万度，并实现保温节能。假设光伏发电和保温节能全面实施，一年将减少上亿度电的使用。2023 年我们还达成首笔碳交易，获得官方签发的 30.8 万吨的碳排减量。

在社会责任方面，响应乡村振兴的战略是农牧企业履行社会责任的重要内容。新希望慈善基金会发起了乡村振兴的"55 工程"，即在 5 年时间拉动投资 500 亿元，新增 65 万个就业岗位，培训 5 万个绿林新农人，服务 5 万个涉农主体，建设 5 个乡村振兴示范基地。其中，绿林培训项目不断丰富和升级，已经构成了技术农民培训、乡村产业经营者培训和乡村基层治理者培训三级的培训机构，打造了乡村振兴村长班等多个特色培训项目。培训中我们传播农业知识，授予生产技术，提升环保意识，拓宽增收思路，为农村输血造血，以人才振兴助力乡村振兴。

在公司治理方面，新希望不断完善公司治理体系，加强全面风险管理能力的建设，持续提升稳健经营管理的能力，助推公司蓬勃发展、基业长青。新希望秉承新机制、新青年、新科技、新赛道、新责任的五新理念，与时俱进，围绕农牧主业，研发上线了诸多数字化应用，不断推动企业数字化转型。此外，新希望集团还以草根资本作为平台，创新性地采用了事业合伙人机制，坚持四分投六分管的投后运营管理模式，快速裂变和发展，打造了多个行业独角兽和明星单品。

一直以来，新希望坚持长期做正确的事，做对社会和国家有益的事。我们坚持高质量的可持续发展理念，将ESG融入企业的日常经营和业务过程，并持续动员产业链上下游合作伙伴共同参与。中国众多农业类企业也都行动起来了，我们联合了21个较大规模的用粮单位，组成了节粮联合体，希望通过全行业共同努力，为节约粮食、社会环境保护做出应有的贡献。

全球企业在实现可持续发展中能够扮演的角色

先正达集团首席执行官

傅文德（J. Erik Fyrwald）

在世界范围内，人类获取充足食物的基本权利正面临前所未有的威胁。根据联合国世界粮食计划署数据，全球多达7.83亿人每天晚上带着饥饿入睡，这几乎是全球总人口的1/10。与此同时，气候变化引发的极端天气事件使农户难以实现丰收，进一步加剧了全球粮食安全问题。2023年，创纪录的高温、干旱和洪涝遍布欧洲、亚洲、非洲和美洲。更炎热和多雨的天气，也意味着农户必须应对各类新型的病虫害。

先正达希望在帮助农户积极应对频发的极端天气事件的同时，保证全球不断增长的人口免受饥饿，并让农业生产也成为气候变化应对方案的重要一环。先正达在种子技术、植物保护、生物制剂和作物营养等方面每年投入近20亿美元用于研发，在全球拥有100多个研发基地和5 000余名科学家，帮助农户获得更多创新且可持续的增产技术与工具。作为全球最大的水稻种子供应商，先正达正在培育拥有更强大根系的水稻品种，它们能够从土壤更深处获取水分，即使在比较干旱的条件下也能生长。此外，先正达研制了一系列环境友好的生物刺激素产品，帮助农户在寒潮、高温、霜冻和冰雹这样的极端天气事件下更好保护农作物。

先正达还与全球农户紧密协作，帮助其在改善生物多样性和减少温室气体排放方面发挥积极作用。在全球温室气体排放构成中，农业生产约占22%，我们希望未来农业生产朝着低碳方向转型发展，以更好地应对气候变化挑战。我们还希望与各类食品公司、政府部门、非政府组织、学术机构等合作伙伴一道，采用、推广可再生农业实践，包括免耕或少耕技术、冬季作物覆盖、农地边缘种植生态功能植物和农用林业等。这些再生农业实践有助于恢复土壤健康、减少土壤侵蚀、增强生物多样性并通过碳封存减排。

在中国，先正达为农户提供各类农业投入品、农业技术服务和专业种植方案，建设并运营了700个现代农业服务平台（MAP）中心。先正达与中国农户一起将最新数字技术和创新产品投入农业生产。在山东桓台的MAP中心，先正达正携手雀巢中国，推广再生农业，帮助农户种植低碳小麦，这类小麦比周边传统小麦产量高8%，并平均能减少近50%的水和肥料的用量，还能够减排约1/3。

先正达也致力于降低公司自身生产运营的排放。先正达昆山工厂，是先正达在全球范围内第一个经过认证的"碳中和"工厂，通过在生产、包装和供应链各个环节嵌入减排实践，实现"碳中和"。先正达遍布全球的MAP中心网络提供的各类现代农服业务也发挥着日益重要的作用，推动乡村振兴，帮助农民增产增收，兴农富农。

世界人口在不断增长，这意味着到2050年，农作物的产量需要增加约50%才能确保每个人都有足够的健康安全食物。因此，确保全球农户能够持续获得最新的产品、技术和服务，对确保全球粮食安全和应对气候变化至关重要。

先正达将继续积极致力于消除饥饿、减少贫困、保护生物多样性并持续减少农业生产排放。这些目标难以仅靠一家企业、一个组织，甚至一个国家来实现，我们必须共同努力，加强合作，与农业价值链的伙伴企业携手努力，与政府、粮食加工企业、食品公司、学术界和非政府组织等开展广泛合作，共同让农业生产成为气候变化应对方案的重要一环。

制药行业的
ESG 实践

持续创新普惠大众，促进人才与产品可持续发展

复星医药执行董事、副董事长

关晓晖

复星医药成立于1994年，在上交所A股和香港联交所H股两地上市，是一家植根中国、创新驱动的全球化医药健康集团，目前直接运营的业务包括制药、医疗器械与医学诊断、医疗健康服务，并通过参股国药控股覆盖医药商业领域。2022年，复星医药年收入近440亿元，研发投入58.85亿元，其中制药业务研发投入50.97亿元，占制药业务收入的16.54%。

随着公司规模的发展以及ESG理念的日益深入，复星医药一直在持续提升ESG治理水平。复星医药董事会下设ESG委员会，并成立了ESG工作小组，从上而下推动ESG管理。ESG委员会负责制定并推进集团ESG愿景、目标、策略。ESG工作小组负责梳理拟订重要ESG议题，拟订可持续发展量化目标并跟踪达成进度。ESG委员会和ESG工作小组致力于将ESG理念融入企业运营，提升企业可持续发展能力。这些年复星医药不断完善关于公司治理的相关文件，2021年就制定了未来五年ESG的目标，特别是关于环境方面的目标。复星医药设定每万元营收的相关碳排放要下降15%，2022年在环境、健康、安全（EHS）方面的投入超过2.4亿元，并落地了企业自有光伏系统、热管节能设备及车间仓库节能改

造等一系列环保减排方面的措施。作为制药企业，非常重要的一个ESG议题便是提升产品的可及性和可负担性，复星医药积极推动普惠医疗落地，提高创新产品的可及性。在罕见病领域，复星医药积极推动罕见病药物研发，提高可及性，在慢性肉芽肿、婴儿痉挛症、特发性肺动脉高压等病种上已有药物上市。

同时，复星医药累计已有30多个品种通过了世界卫生组织（WHO）的药品预授权（PQ）认证，是全球通过该认证抗疟药品数量最多的药企。WHO PQ认证是国际组织采购药品的重要门槛。2023年6月，复星医药自主研发的第二代注射用青蒿琥酯Argesun®成为首个通过WHO PQ认证的"一步配制青蒿琥酯注射剂"，进一步提升了创新药品的可及性，挽救更多生命。围绕着治疗重症的注射用青蒿琥酯，治疗预防用的口服片剂等一系列药物，在全球范围内特别是非洲区域，复星医药在抗疟疾领域做出了卓越的贡献。截至2023年6月末，复星医药向全球市场已累计供应超过3亿支注射用青蒿琥酯，救治超过6 000多万人，使用口服疟疾预防药物的非洲儿童累计达2.1亿人次。

2023年，复星医药携手上海复星公益基金会深度参与"乡村医生项目"，通过名医下乡、乡村暖冬计划等行动切实提升基层医疗水平及临床急需药品可及性；携手上海宋庆龄基金会开展"沪滇协作"，在云南西双版纳启动"关爱女性健康粉蓝丝带公益行"项目，助力扩大基层女性两癌（乳腺癌和宫颈癌）筛查覆盖率，提升当地妇女健康水平和诊疗水平。

在性别平等问题上，复星医药认为"她"力量在职场中还可以发挥更大的作用。据2023年彭博ESG展望，亚太公司董事会中的女性占比为13%，美国为29%，欧洲为36%。由于包容性、同理心等特点，复星医药相信女性在职场中还会发挥更大的作用。复星医药男女员工比例较均衡，女性在企业发挥着越来越多的作用。截至2022年年底，复星医药全球员工数超38 000人，其中女性员工占全体员工数的48%左右。目前，复星医药董事会中有2位女性董事，在中层以上及高级管理层中女性的比例也大于40%。复星医药还出台了一系列关于员工多元化的政策，让女性在职业发展中获得更多的政策保证。

复星医药作为一家全球化布局的医药企业，在整个全球化过程中秉承和推广ESG理念非常重要。复星医药一直在全球化过程中尊重员工的宗教信仰以及属地文化，坚持属地经营，造福当地人民。同时，复星医药也严格贯彻EHS要求，践行商业规则。

基于一系列ESG实践与举措，2021年复星医药第一次发布ESG报告时，MSCI的评级是BB，经过两年的努力已提升到A级。通过ESG管理水平和能力的提升，复星医药在推动可持续发展。

作为药企，复星医药认为积极推动创新、提供具有可及性的产品，在企业可持续发展中是最重要的责任。无论作为个体，还是作为企业或社会一员，让社会通过我们的努力实现更平等、更包容和更可持续的发展，这是每个人都可以努力做到并可以做出贡献的事情。

将 ESG 落实到企业经营发展全过程，成为国际一流企业

华熙国际投资集团董事长、华熙生物科技股份有限公司董事长兼总裁
赵燕

作为一家以合成生物驱动的生物科技公司，华熙生物是生产生物材料的全产业链平台公司，生物制造是今后绿色制造的核心基础保证。华熙生物的发展逻辑是从科学到技术、到产品、到品牌，坚持的理念是可持续发展。

一个企业的生命力一定来自它持续不断的创新能力和持续不断的经营盈利能力。如何保证这两种能力，使企业长期持续高质量发展，华熙生物认为要践行 ESG 发展理念。作为在中国成长起来的企业，只有将 ESG 三个方面有机协调起来，才可能发展成国际一流企业。

华熙生物非常重视 ESG 对公司整个高质量发展发挥的作用，作为一家中国的绿色生物制造标杆企业，华熙生物希望能在这个行业中起到 ESG 领头和带头的作用。2023 年，华熙生物专门成立了一级部门 ESG 管理中心，还将逐步加强 ESG 在公司高质量发展过程中实实在在的落地实施。具体而言，我们主要从以下三个方面来践行 ESG 理念。

第一，在公司内部要达成全员对 ESG 的认知。首先，在对 ESG

的思想认识上要达成一致，将ESG发展理念贯穿从公司的研发、生产到市场的每个环节。对此，华熙生物已经做了大量工作，如开始进行碳足迹盘查，将发酵过程产生的大量热量收集起来，用于厂区员工宿舍、食堂等区域的用热，减少对社会能源和资源的依赖。在华熙生物的生产过程中产生的发酵尾液，让它发挥更好的作用，反哺到农业的生产中等。这一系列动作都要在内部贯彻ESG理念，让每一名员工都有ESG的意识与认知。

第二，让每名员工都去承担社会责任。社会责任不是喊口号，而是要落实到行动中。华熙生物发起了"云中"公益、"华熙·健康行"行动，同时，我们用科学和技术去帮助乡村振兴发展。

第三，在公司治理上，要让员工意识到华熙生物作为一家上市企业与龙头企业，要更加规范，更加为股东负责，更加为社会创造财富，这些问题始终贯穿在我们的整个治理结构中。还要让员工思考如何在生产链、供应链上减少浪费，让生产过程对环境更友好等，这些都需要我们实实在在去践行。

作为一家生物制造企业，华熙生物在透明质酸的生产中用微生物发酵法替代了原来的动物提取法，在这个过程当中，大大提高了生产效率，减少了对资源的消耗，也降低了对环境、生物多样性的负面影响。与原来的动物提取法相比，华熙生物的生产成本下降为几十分之一甚至百分之一，碳排放和能源消耗也大大降低，从而使这个产品更好地为人类的生命健康服务。华熙生物也借助这项技术成为全球透明质酸行业的领军者，市场份额、品质都成为世界第一。

在整个生产经营过程中，华熙生物已积累了非常多的ESG管理经验，也实实在在推动了很多关于环境保护与应对气候变化、劳动者权益保护、职业健康安全和可持续采购相关的实践。但由于华熙生物原来没有对ESG进行体系化、规范化的管理，所以2023年，华熙生物专门成立了ESG管理中心，希望体系化、规范化、科学化地践行我们的 ESG 理念，让企业得到更高速的发展。具体行动主要希望从以下三个方面展开。

第一，在内部认知方面，达成全员对 ESG 的认知。

第二，借助专业机构并邀请众多专家，共同制定了关于华熙生物的 ESG 发展规划和实施路线图，并推动实施。比如开展组织和产品层面的碳盘查及相关管理工作，加速企业的低碳转型进程等。

第三，将华熙生物体系化、规范化的 ESG 工作用数字化系统真正记录下来，从而在国际上得到非常好的认同。华熙生物致力于在改善 ESG 管理的同时持续提升信息披露的透明度，面向利益相关方开展更全面、更深入的沟通。同时，华熙生物也适时引入权威第三方审验机构对 ESG 重要数据开展审核验证，增加企业信息披露的可信度、强化管理水平，使企业能够得到良性、稳定、健康的发展。

ESG 概念最早是从欧美企业开始执行的，尤其是在欧洲。我国在制度层面上则是 2018 年之后由证监会引入的，提出企业要有自己的 ESG 报告。华熙生物作为行业的龙头企业，要起到引领和带头的作用。在此我也呼吁，中国的企业要想得到持续的发展，要想成为国际一流的企业，在有能力的情况下，尽量按照国际上较高的 ESG 标准和要求去践行企业的发展。希望我们共同为中国企业成为国际一流企业而努力。